創作電玩遊戲之
奇幻藝術

創作電玩遊戲之
奇幻藝術

（美）比爾·史東漢姆／著　　劉碩／譯

新一代圖書有限公司

國家圖書館出版品預行編目(CIP)資料

創作電玩遊戲之奇幻藝術 / 比爾・史東漢姆(Bill Stoneham)
　著；劉碩譯. -- 新北市：新一代圖書，2013.06
　　面； 公分
　譯自：How to Create Fantasy Art for Video Games
　ISBN 978-986-6142-35-2(平裝)

1.電腦遊戲 2.電腦繪圖 3.電腦程式設計

312.8　　　　　　　　　　　　　　　102008385

創作電玩遊戲之奇幻藝術
How to Create Fantasy Art for Video Games

作　　者：Bill Stoneham
譯　　者：劉　碩
校　　審：朱炳樹
發 行 人：顏士傑
編輯顧問：林行健
資深顧問：陳寬祐
出 版 者：新一代圖書有限公司
　　　　　新北市中和區中正路906號3樓
　　　　　電話：(02)2226-3121
　　　　　傳真：(02)2226-3123
經 銷 商：北星文化事業有限公司
　　　　　新北市永和區中正路456號B1
　　　　　電話：(02)2922-9000
　　　　　傳真：(02)2922-9041
郵政劃撥：50078231新一代圖書有限公司
定　　價：520元

中文版權合法取得・未經同意不得翻印
◎ 本書如有裝訂錯誤破損缺頁請寄回退換 ◎
ISBN：978-986-6142-35-2 （平裝）
2013年9月　印行

目錄

前 言

《奇幻藝術創作技法系列：創作電玩遊戲之奇幻藝術》在電玩娛樂領域內，對數位藝術的應用做了總體性的介紹。從傳統媒材轉換到數位媒材的過程中，讀者將會學習如何創造電玩遊戲中奇幻藝術的基礎知識。

在這個領域裡，我已有近二十年的工作經驗，同時也與許多天賦異稟的藝術家和富有創造力的導演合作過，他們均令我受益匪淺。因此本書滙集了我個人與業界最傑出藝術家們的思想與經驗。

本書獻給我的女兒愛琳·羅斯（Eryn Rose）和她同一世代的朋友，祝願他們的藝術天分能藉此得以發揮。

比爾·史東漢姆
（BILL STONEHAM）

關於本書

本書將按照奇幻類電玩遊戲藝術設計的創作順序，分章節進行講解，內容囊括了從選擇正確的工具和軟體，到如何發展概念草圖的效果，以及3D數位模型的創作。

本書將致力於講述該如何為電玩遊戲繪製出帶有奇幻概念的藝術作品。"概念與技法"這一章節中，將帶你領略構築奇幻世界的核心繪畫技巧。如果你希望將自己的2D概念藝術形式轉化為3D形式，那麼"超越2D概念藝術"，將會讓你學習到作為一名數位建模師、關卡設計師和材質貼圖師應具備的核心技術。在"經典藝廊"這一展示世界知名設計師作品的章節之前，"整合與運用"將會對你所學過的所有技巧做出總結。如果你是一名數位繪圖的新手，那麼本書的最後章節"數位設計工具箱"，將會提高你Photoshop軟體的使用技巧，也教會你如何選擇不同的軟體進行創作。

▼ 2D概念設定 (pages 12 - 57)

為提高奇幻類遊戲角色、場景的概念設計，本章從分鏡表的繪製到色彩、燈光、構圖、透視等基礎藝術理論，提出了許多優秀的建議和方法。而且"藝術家工作室"這一特殊的"案例分析"專題，全面展示了彩色的藝術作品。你可以站在藝術家的肩膀上，探尋他們最常用的工作方法，並將其融入自己的工作中。同時，每一個案例都包含了一個"黃金法則"——來自業界專家的金玉良言。

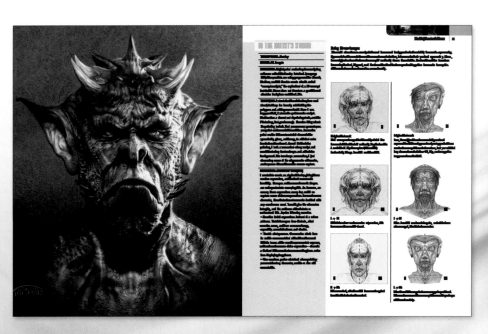

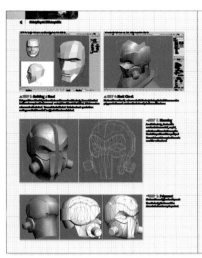

◀ 超越2D概念藝術 (pages 58-73)

本章透過數位建模、3D材質貼圖及互動環境等章節，指導你如何運用3D模型來展現所設計的角色。本章清晰的講解，將逐步引導你掌握這些複雜的技術。

▶ 整合與運用 (pages 74-83)

來自Sony Online Entertainment (U.S.) 公司的專家喬・舒帕克 (Joe Shoopack) 將為你展示一個實際案例的製作過程。在這一部分中，你將看到《無盡的任務II》 (EverQuest II) 遊戲中特厄 (Theer)這個角色是如何從粗模透過逐步製作，最終完成角色設計的過程。

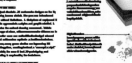

◀ 經典畫廊 (pages 84-107)

來自全世界奇幻類電玩遊戲藝術家的作品，經過整理後，將在這一章節集中展現，可為你的創作帶來靈感。

▶ 數位設計工具箱 (pages 108-123)

Adobe Photoshop軟體被廣泛應用在書籍數位印刷，而本章將會探索更多其他的應用。也許你正打算去購買另一套繪圖軟體，或是你正對傳統技法和數位技法的選擇猶豫不決。本章將為你提供豐富而實用的建議和輔助課程。

*Sonny Online Entertainment*公司開發並發行了很多特定類型的遊戲。

遊戲產業介紹

眾所周知，電玩遊戲目前已進入 3D時代，它已從具有30年歷史的2D冒險遊戲方式，發展到充滿寫實場景和擬真的角色、並具有驚人臨場感的 3D互動式遊戲。

從最初的發想到最終的發行，遊戲產品生產的每一步，都圍繞著遊戲市場化展開。整個生產流程需要以一個具有高度組織性和協調性的經營方式作為保障。許多現代遊戲動輒需要幾百萬元的資金投入，項目完成期限又往往不容更改，而且一旦違反契約便會面臨罰款的威脅。因此，人事部門和專案管理人員的工作技巧，就顯得越發重要——如此一來，遊戲業的發展和汽車等製造業就沒有什麼不同。有時，即便是對於深謀遠慮、運籌帷幄的管理人員而言，也會碰到很多無法預料的難題。當管理人員碰到這樣的情況時要做到：降低其發生的可能性，同時將不利影響最小化——這便是工作的關鍵。

參與者

在設計工作初期，會有一兩個人，或者一個工作小組來研發最原始的創意。這些人可能是公司的高級設計師，或是專門負責開發新概念的創意組專家。一旦一個創意被允許進入下一步的開發，那麼這個創意可能就會移交給一個稍大的團隊，這個團隊主要由以下幾組人員構成：

設計師

遊戲設計師負責遊戲的視覺效果和遊戲體驗，並構建概念、故事、整個遊戲架構，及完成遊戲規則。設計師們總是忙碌於遊戲中如何吸引公眾注意力，然後努力做到更好。創意組內部的“設計師”們都有各自的分工，比如遊戲設計師、編劇、關卡設計師等。按照職務高低，包括初級職員以及管理眾多員工的專案總監。

美術與動畫人員

美術與動畫人員會根據2D平面草圖，製作出3D立體模型與動畫，用視覺化的形式，把設計師的意圖展現出來。這些視覺化的元素，在確立遊戲獨特風格方面是非常必要的要素。美術與動畫人員也可能是數位建模師，以及為遊戲創作藝術資源的動畫師。

音效與音樂工程師

在現代遊戲設計中，音效是個非常重要的元素，因此音效與音樂工程師便是舉足輕重的角色。此項工作可能會涉及遊戲設計方面，也會在為遊戲軟體添加配樂時，涉及更多技術方面的工作。

程式設計師

程式設計師負責為遊戲的引擎編寫程式。儘管他們都具備較高的技術背景，但對許多程式設計師來說，依然需要在技術方面擁有創造力。雖然程式設計是一種枯燥的邏輯工作，但倘若所編的程式是用來表現

遊戲開發流程總覽

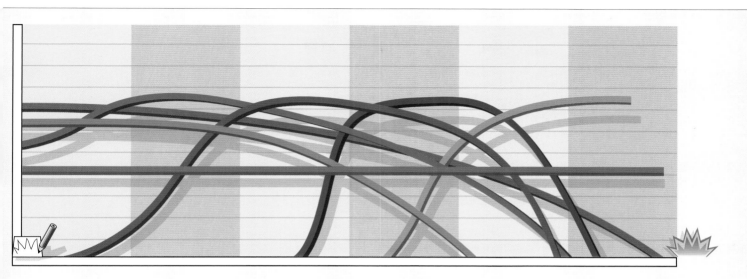

| 新遊戲策劃 | 多種創意產生 | 概念選擇 | 遊戲開發 | 遊戲測試 | 遊戲營運 |

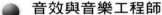 **設計師**
- 遊戲概念開發
- 遊戲故事創作
- 遊戲關卡設計
- 遊戲規則設計

音效與音樂工程師
- 音效制作
- 音樂制作

管理人員
- 不同的管理人員監督遊戲制作的不同階段

 概念設計師
- 概念藝術創作
- 遊戲視覺形象開發

測試人員
- 尋找問題
- 給予反饋

 3D設計師和動畫設計師
- 數位模型製作與裝配
- 遊戲動畫生成
- 剪輯
- 資源形成

程式設計師
- 遊戲引擎開發
- 遊戲標準化
- 程式編寫

本圖呈現一個典型的遊戲開發專案，在不同階段的大致情況。本圖不涵括其他多個項目同時進行的狀況，以及公司擁有其他製作團隊或工作人員的情況。

微風或者踢足球的聲響，在空氣中傳播的效果，那麼程式就必須編寫得能夠讓人感同身受。從事此類工作的人，顯然是軟體工程師和程式師，但是按照不同的職責還可以繼續向下細分，例如：人工智慧程式師或遊戲平臺設計師。

品質管制與測試
QA（Quality Assurance）——品質管制專家和測試人員，負責確認遊戲是否可以正常運行並滿足要求。遊戲測試人員是保證這項工作的核心，他們透過不停地試玩早期版本的遊戲，來檢驗遊戲是否會出現當機、停止運行等狀況，或者是否存在玩家能夠作弊的漏洞。雖然遊戲測試工作的收入並不可觀，但這是一個進入遊戲產業非常好的方法。因為遊戲測試者是那種能夠快速瞭解一款遊戲所有層面與細節的資深玩家，也是具有足夠的專業知識，將

試玩遊戲與其他遊戲做比較的玩家。遊戲測試人員的回饋意見，將會依照從已確定的簡單技術漏洞，到有瑕疵的遊戲情節的順序排列起來。

管理人員
遊戲開發是一門大生意，因此公司內的各個機構和專案管理者都必須參與其中。而在所有管理人員，比如專案經理、程式經理、藝術總監之上，還會有一位總負責的專案經理。這些管理職務一般都會讓經驗非常豐富的人員來擔任，他們的工作就是監督整個專案的進行，並保證專案的品質及如期完成。

作遊戲產品中，那些令人振奮的奇思妙想經常來自：

- 孩子的天賦——比如他的媽媽就很擅長網球遊戲；
- 獨立製作人——矮小、神秘、形如枯槁、皮膚蒼白、眼睛裡布滿血絲的"車庫族"；
- 高收入的遊戲設計師，能夠對遊戲行業產生巨大影響的遊戲製作人；
- 你。（好吧，有什麼理由不是呢？）

概念設計師

作為概念設計師，遊戲開發之初的工作是非常重要的。創意總監和遊戲設計師會向你提供一些能夠激發概念創意的資料——本階段被稱為"核心概念"。這些資料會以視覺化的方式向你展示遊戲的核心概念，並向你提供遊戲中角色、生物、環境的資訊，同時也展示出每個用來表示視覺化細節資訊的色彩範圍，比如一個大峽谷，或者一座建在森林上方的城堡。然而你的主要職責是：

- 為遊戲中的環境提供核心概念；
- 創作過場動畫的分鏡表；
- 創作遊戲裝置和遊戲裝備的概念；
- 創作遊戲角色和主要生物的概念；
- 擬定非玩家控制的角色（NPCS）、動物和其他生物體的概念。

遊戲類型

奇幻類遊戲在電玩遊戲領域的特色，大部分屬於角色扮演類遊戲，同時使玩家能夠發展並提升自我角色。大多數的奇幻類遊戲，都具有魔法和超自然能力的內容，有時也會加入神奇的科技，比如一個可以往返於宇宙中探險和中世紀戰場的傳送器。奇幻類遊戲的核心就是探索，它通常會讓你對抗一個邪惡勢力。除了奇幻類以外，還有很多其他的遊戲類型：

動作類

動作類遊戲以體能、反應速度和協調能力為重點，遊戲中的裝置都具有挑戰性和危險性。

■ **典型實例**：FPS，第一人稱射擊（first-person shooter）遊戲，如《半條命》（Half Life）。還有《毀滅戰士》（Doom），一個早期的FPS遊戲，也是當時最佳的FPS遊戲，它開創了第一人稱形式的3D圖像和流行類型。

動作冒險類

動作冒險類遊戲是一個"混血兒"，這造就了它在電玩遊戲中最為廣闊的類型範圍。一個典型的冒險類遊戲具有處境上的問題和困惑。如《神秘島》Myst（Cyan Worlds公司出品），或者《猴島小英雄4：逃離猴島》（Escape from Monkey Island，LucasArts公司出品），就都具備純粹意義上的"冒險"，但它們沒有或者很少有動作類遊戲的特點。而動作冒險類遊戲既有身體的反應也有難題破解的設計，同時還具備了暴力和非暴力的情景。

■**典型實例**：《古墓麗影》（The Tomb Raider）、《戰神》（the God of War）以及《神秘海域 I&II》（Uncharted I&II），這些都是動作冒險類遊戲帶有雙重特質的有力例證。

《無盡的任務》

Sony Online Entertainment公司製作的《無盡的任務II》，是一款以出色的畫面和角色在國際享有盛名的遊戲。比如特厄這個角色，就是一個在3D模型和材質方面給人留下深刻印象的例子。本書第76頁詳細地展示了這個角色，從概念素描草圖到彩現後數位模型的製作過程。

角色扮演類

恐怕世界上再也沒有任何一種遊戲類型，能夠像RPG角色扮演類遊戲（role-playing game）一樣，點燃全世界玩家的熱情了。這種以故事為基礎的遊戲，會在遊戲世界裡給玩家建立起一個神奇的化身，並創造出富有表現力的臨場感。RPG遊戲與其他類型的遊戲比起來，更具奇幻色彩。

■ **典型實例**：MMPORPGs是非常流行的遊戲類型。請看右側列表中Blizzard公司出品的《魔獸世界》。

經典遊戲

《魔獸世界》(World of Warcraft)，Blizzard公司出品

這款遊戲提供玩家一個高藝術性的對戰世界。它是此類遊戲中製作最為精緻，也最為流行的遊戲，在全世界擁有數百萬的玩家。

《無盡的任務 I & II，Sony Online Entertainment 公司出品

大部分的遊戲玩家都是透過這款遊戲進入到MMOR PGs ——多人線上角色扮演遊戲（Massively Multiphayer Online Role Playing Games）的世界。《無盡的任務 I 》以獨特的角色分級和專業化為特徵，成為第一款風靡北美的3D版MMORPGs。之後的《無盡的任務 II》憑藉著出色的畫面品質，以及令人難忘的角色創意也大獲成功。

《永恆紀元》(Aion Online，NCsoft公司出品

這款遊戲透過令人驚嘆的遊戲畫面，建立了一個擬真的奇幻遊戲世界，尤其是遊戲核心模組的空中戰鬥鏡頭，更是令人印象深刻。

《科南時代》(Age of Conan)，Eidos公司出品

這款遊戲的格鬥系統允許進行複雜的連擊。在更高的等級中，角色公會還可以建立城市和要塞。

《戰錘 Online》(Warhammer Online，Mythic公司出品

這款遊戲以陣營對戰的形式，最終目的便是瘋狂地圍攻敵方主城。

《太空戰士》(Final Fantasy)，Square Enix公司出品

這款遊戲的MMORPGs版是從一個著名的系列遊戲改編而來的。

戰略類遊戲

RTS，即時戰略類遊戲（real-time strategy game），需要完善的計畫來獲得遊戲的勝利。此類遊戲強調戰術策略和邏輯考驗，很多遊戲同時也夾雜著經濟方面的考驗和探索。

■**典型實例**：席德·梅爾（Sid Meier）設計的《文明》（Civilization）、《魔獸爭霸》（Warcraft）、《星際爭霸》（Starcraft），以及《中土戰爭》（Battle for Middle Earth）都是此類實例。

01 概念與技法

本章將引導你獲得靈感、提高繪圖能力、創作出令人驚嘆的奇幻類角色，並在分鏡表中創造出角色自己的故事。在這一章中，你將學到業界專家們，在為奇幻類電玩遊戲創作概念時所使用的必備技法。

收集資訊

從自己身邊、網路及其他奇幻類設計師的作品入手，是學習優秀奇幻類電玩遊戲概念和技法的基石。

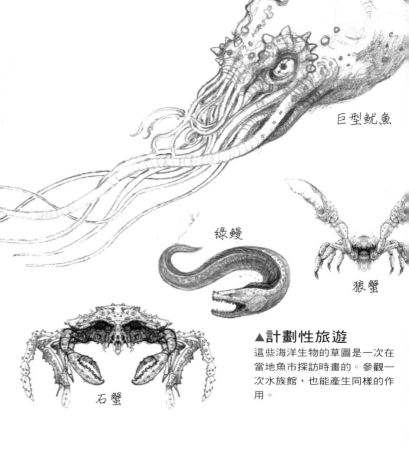

巨型魷魚

綠鰻

狼蟹

石蟹

去吳哥窟采風聽起來如何？很多遊戲公司預算充裕，足以承擔外出調查與研發的費用，這樣便可以讓設計師實地採集一些真實生動的草圖與圖片資料，以此作為設計遊戲的相關素材。但對於雇主預算並不那麼寬裕的美術師而言，即便是周邊的短途實地調查，也可能只是個奢望。

網路探尋

網際網路是查閱圖片最好的資源庫。線上的漫畫書、奇幻類網站、藝術家的部落格，以及藝術傳播網站都有很多能夠激發個人想法的圖像資料。請查看DeviantART網站（www.deviantart.com），這是為遊戲設計師量身打造的頂級插圖類網站之一。在這裡可以上傳你的作品，可以獲得建議，也可以討論你的專案。

尋幽訪勝

當圖片資料可以在電腦中找到的時候，野外實地調查對於那些很難與自己的電腦螢幕分離的人來說，是一個難得的旅行機會。你可以到異域的海岸，實地考察那些經過數百萬年風雨侵蝕和地殼運動，所形成的侵蝕洞穴的驚人景色；或者可以去當地的動物園，透過對巨蜥的觀察來想像恐龍的樣子。你可以考察城區中心建築的色彩與紋樣，探究上面的細節設計，或研究與宮殿城堡相配的那些裝飾華麗的大門；你還可以去領略城市公園內，由奇異植物組成的美景，同時也可以在這裡畫出不同光線下的人物速寫。另外，博物館是一個展示古老手工藝品的巨大資料庫，而且大部分的展品都來自於你所不瞭解的文化。

▲計劃性旅遊

這些海洋生物的草圖是一次在當地魚市探訪時畫的。參觀一次水族館，也能產生同樣的作用。

◀▲實地寫生

實地的風景素描為奇幻類藝術創作中的場景或背景，提供了良好的創作基礎。一座冰封的雪山，可以作為燒了一半的外星船殘骸的參考，也可以作為一群負重的武士，朝向山上堡壘邁進的背景。

藝術家工作室

作品名稱：《恐龍灣戰爭》(The Battle of Dragon Bay)

作者：比爾·史東漢姆 (Bill Stoneham)

應用軟體：Autodesk 3ds Max軟體和 Adobe Photoshop軟體（見第115頁）

技法：當測試一個場景的時候，我必須時刻考慮畫中物體的比例和透視效果。哪些材質和形狀的細節，能夠使它們自身產生跨張的比例呢？請查看第16頁更多關於"強制透視"的資訊。

黃金法則：拿起相機
你並不一定需要擁有高檔的相機，但它可以記錄下激發你想像力的素材。

這個馬雅雕像其實是可以提供兩種不同動作的雕像。我在Photoshop軟體中將圖片垂直分割，然後分別複製分割後的每半張圖片，再分別把相同的兩個半張貼合在一起。

成群的飛鳥成為飛龍飛翔時的很好參考。拍攝不同角度的照片，將會幫助你將其轉化為龍的形象。

岩石的造型提供了雕像、燈塔底座、台階，以及洞穴門口的樣貌。

在去惡魔島旅途中拍攝的燈塔照片，恰好可以作為箭塔的模型。

這個古典樣式的路燈和我要創作的燈塔完全相符，其中鱗狀的斑點，也展示了燃燒著永恆之火巨塔的樣子。

瞬間的藝術

即興創作是基於所處的環境和內心的情感，產生激情反應的"瞬間"創作。它能夠產生新的思維方式、新的實踐方法、新的造型結構或內涵，以及新的視覺表達。

創作週期中最具效率的時刻，是當設計師們能夠完全憑藉直覺去瞭解故事，並且有合適的工具來表達自身想法的時候。換句話說，就是當你擁有速寫本、素描工具、相機和一個創作主題的時候。

觀察日常生活

即興創作就是如何激發你的想像力和訓練你的思維。比如當搭乘地鐵的時候，留意你周圍的一切——色彩、紋理、列車進出站時燈光的變化，以及隨著燈光變化人們的表情。如果你只能看到人們的影子，同時這些人隨身還帶有其他物品，那麼他們的影子會是什麼樣子呢？想像一下地鐵駛出隧道後，來到了一個幻想中的城市，建築的外觀改變了，列車也長出了翅膀；想像一片森林從建築裡伸展出來，或者設想一座無人的異域風格的建築，突兀地從森林中矗立而出。與此類似的場景在Mountain Ruins遊戲中就有所體驗。

強制透視

請嘗試：小心地把相機放低到靠近地面的位置，再把一個熟悉的物體放在前景位置，然後拍攝一張照片，如此一來照片上的這個物體就會幾乎覆蓋整個背景。比如前景是一塊石頭，那麼它看上去將會是一塊巨岩。強制透視會使熟悉的東西陌生化，並且使你產生錯覺。

素描手繪
細心觀察周圍實際風景中的質感及光線的細節，盡可能精確地把它們描摹出來。

藝術家工作室

作品名稱：Mountain Ruins遊戲

作者：羅布·亞歷山大(Rob Alexander)

工具：鉛筆和水彩

技法：本套作品展示了以現實中的場景到奇幻場景的轉化過程，因此掌握有機會轉化為奇幻作品的第一手資料很有必要性。然而想要使從現實中收集到的元素保持協調統一是個挑戰。首先應熟悉岩壁的結構，然後簡單地向上延伸，直到畫完一塊巨大的崖石，並把這塊崖石畫成一座高塔的基石。原圖上那一片白雪被用來製造景深效果，以及建立塔底的透視關係。

黃金法則：實物寫生
寫生是理解觀察對象最好的方法，對於那些只有現實中才能產生的細節和變化也是如此。你需要採用諸如建築、場景，或是你自己設計的寫實性生物。我希望自己總能帶著"世界還未完全開創，讓我來設計其餘的部分"的態度來看待這個世界。我會不斷地觀察事物，增加或創造缺少的元素。但不要為圖像強加任何東西，你需要做的是傾聽細微之處的"召喚"，並將其表現出來。

提昇訓練

對奇幻類藝術家來說，透過練習來開發自己的創造力，既是一個很好的娛樂，也是塑造形象的有效方式。從淺顯或平凡無奇的事物中，進行推理是一個非常好的技法，同時也可能催生出新的奇幻藝術腳本。不論是素材照片、個人資料還是實地考察，現實世界中尋常的物品和裝置，都為奇幻類作品提供了靈感。

下面展示的一系列圖畫，包含了作為創作來源的照片（1）和用輪廓線、明暗關係、陰影表現的素描稿。這個素描稿主要是根據原圖所繪製的一個簡單的鉛筆稿（2）。隨後這張畫稿被形象化地進行了拆解，其他額外的元素也被添加了進來（3）。如此一來，第一幅圖中的小徑變成了一條深溝；而廚房天花板和角落處的牆壁不見了，變成了城市景象。請發揮你的想像力，看看你都能聯想到什麼？

比例的魅力

透過一點想像和簡單地繪製，你就可以將日常平淡無奇的物體，變成巨大的、帶有奇幻風格的地標性建築。在實地考察的過程中,你可能不會在意這個被海水侵蝕的立柱，但是你可以輕易地將其轉化成被水淹沒的古代城堡的巨大哨塔。

照片中被腐蝕過的立柱，大約有25cm高。

用素描本中的一整頁來細畫你所選擇的圖片細節，畫得越細越好。在這項工作中你投入的時間越多，你就會從不同的角度來思考。

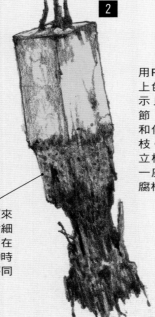

用Photoshop軟體上色，添加能夠暗示比例的巧妙細節，比如小的窗戶和伸展在周圍的樹枝。原來25cm高的立柱，突然就變成一座被戰爭破壞的腐朽建築。

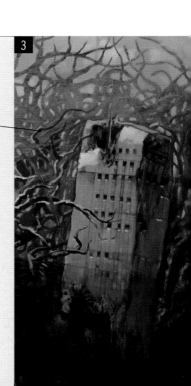

分鏡表的藝術

作為一名遊戲設計師，你的工作將從視覺構成開始，並把你的想像透過
圖像、草圖以及分鏡表的方式，融入到故事之中。

任何遊戲專案都建立在故事的早期草稿上。所有的遊戲都以互動為前提，有些遊戲故事的發展透過角色塑造，同時與之相符的故事，才能定義遊戲中角色的性格；另外一些遊戲故事的發展，會以情節或者情境來進行。製作原畫和分鏡表，意味著會使往後角色和情境細節概念的創作過程，變得簡單很多。

故事從何而來

一個富有創造力的導演會與影視編劇合作（更像是在導演的指導下），共同創作劇本。之後由分鏡表設計師將劇本轉化為圖像劇本，並將其按照鏡頭剪輯、加入對白，以及供電影演員參考的情節起伏，區分成系列性鏡頭畫面。

草圖

草圖是一種塗鴉，或者也可以解釋為"用你的手來思考"。小幅的作品被畫成一系列連續的"畫格"，代表人們在螢幕上觀看時的關鍵畫面。在這種比例下，你可以快速地識別作品的好與壞。這時你需要注意的是，那些環境中引人入勝的角色或事物的確存在的感受，而並非細枝末節。在這一階段裡，要像做電影預告一樣畫出整個故事，同時標記出發生在遊戲中角色身上最令人激動的時刻，或確立表現奇幻情節的關鍵鏡頭。

分鏡表

如果作品中不需要互動，比如就像一段動畫過場或者電影片頭那樣，這時就需要一個傳統的分鏡表，以及構成鏡頭序列的關鍵畫格。你的視角就是攝影機的視角，因此你所畫的關鍵畫格就是顯現在螢幕上的影像。把這些素描稿想像成一種講故事的語言，它有開端、發展和結局。這種視覺化的語言在創作流程中顯得尤其重要，因為儘管這一階段仍屬於創作前期，你的故事或許也並不精緻，但是它允許你更改想法，甚至可以讓編劇、設計師和藝術總監的工作，回歸到確立腳本原始的階段。所以盡可能進行不同的嘗試，並發揮其你的想像力。

在這幾頁內容中，作者對兩個劇本範例分別進行分鏡表創作。

海洋(Ocean)

你是Mustekala號的船長，而這艘船是由宇宙中的生化種族所掌控。這種八條腿的生物是非常奇怪的種族，被稱作Iko-Turso。雖然你有相當大的自由度，但你和七位船員都屬於低等的Nuhi種族。Mustekala號是一艘商船，它能帶你領略很多不同的景色——如星球般大小漂在水裡的石頭、巨大的珊瑚礁、工業化鐵井塔、海星，還有智能水草編製的迷宮。你的職責是買賣墨水、燃料、異國食品、Nuhi族奴隸、文物以及珍珠。

大多數時候，你都採取Mustekala號船長的視覺角度，不過有的時候，尤其是戰鬥和探險的時候，你需要轉換到船員甚至船隻的視角。遊戲中你會面對很多的威脅——人魚強寇、可以吞下整艘船的北海巨妖、Nuhi族反叛軍，甚至Iko-Turso他們自己。還有讓你印象深刻的是，你那多條腿的主人，還在暗中謀劃著一個危險的計畫。

在遊戲中的某個部分，當運送一個遠古神像到Iko-Turso族的時候，一個奴隸告訴你，如果把它販賣給同族——遺跡製造者的話，其售價將會高得多。然而如果你決定這麼做，那麼你必將脫離自己的家園——Iko-Turso。你的家園看起來是那麼自然和諧，但是卻經常充滿遭難船隻的殘骸。各式各樣的珊瑚看起來像章魚腿一樣，試圖破壞船隻的結構。你會被從未見過的又大又笨、鹹鹹的、流著口水的，還有很多條腿的怪物追擊，而且似乎Iko-Turso族真的很想要那個神像。

◀ 讓劇本鮮活生動

作為概念設計師，你的工作之一便是將編劇的意圖視覺化。這個複雜的新遊戲創意，綜合了載具的控制、領導能力、價值觀設定，以及經典的怪獸打鬥場面。故事發生在一個巨大而且幾乎全部由水組成的星球，雖然人們普遍將其傳說成"化外之地"，但這個地方與我們的星球類似。不論故事是否真實，將其視覺化是你開始探索故事時的有效途徑之一。兩個迥然不同的例子，會在接下來的幾頁中展現出來。

海洋的分鏡表

如果有一個編寫得非常清晰的劇本供你創作（就像這一個），那麼你的想像力將容易被
點燃。觀點鏡頭(POV, Point of View)在遊戲中是非常重要的，遊戲透過這些畫面展現了
船長、水手甚至是船隻的遊戲視角。這樣玩家就能夠看到情節中的所有視覺元素。

船長的視角是
重點，他見證
了這艘船最重
要的活動。

描述：Mustekala號揚帆起航。
觀點鏡頭(POV)：船長

描述：船員保持船隻前行。
觀點鏡頭(POV)：船長

描述：正在接近一塊巨大的漂浮石塊。
觀點鏡頭(POV)：船長

描述：笨重的工業化鑽井塔——Mustekala號貿
易之路的其中一站。
觀點鏡頭(POV)：船員

描述：停船添加燃料。
觀點鏡頭(POV)：船員

描述：潛水採集珍珠。
觀點鏡頭(POV)：船員

Mustekala號本身就
有一個在水下有著
巨大優勢的視角。

因為玩家將會被帶入到這個動
作中，因此用一名船員的視角
來表現，是非常重要的關鍵。

描述：在珊瑚礁中穿梭。海洋是各種海洋生物
和諧共存的安全港。
觀點鏡頭(POV)：Mustekala號

描述：與其他族群的商業談判。
觀點鏡頭(POV)：船員

描述：貿易成功後離開。
觀點鏡頭(POV)：船員

夜行神龍(Gargoyles)分鏡表

正如下一頁的遊戲劇本所示，遊戲可以被角色所引導。因此，角色的概念可能要在體驗整個故事前預先設定好。盡管你可能不會發現，但設計師在製作分鏡表之前，就已經預先設計好大量的臉部表情與身體動作（比如輕快的、卑鄙的、貪婪）。故事的前置調查與分析，是任何奇幻類藝術創作的重要階段。

用戲劇化的視角來增加
畫面的景深與趣味性。

在14世紀英格蘭一個寒冷的黎明，一座修道院安靜平和地矗立在哪兒。

幾尊形貌醜陋的神龍雕像，泰然地矗立在高塔頂端，等待著、觀察著......

老舊的瓦片崩塌，神龍雕像突然活了起來，並從房頂飛上了天。

動作最激烈的時刻，
展現了故事最突出的
視覺元素。

日出之前，蒂博爾特(Tybalt)大哥便在遠處的田地裡，開始了一天的耕作。

神龍襲擊了村莊，不停地向修道院投擲瓦礫並且污染了大地。全村無人生還。

蒂博爾特大哥回家後，發現被損毀的修道院和同胞們的屍體。

在往倫敦的路上，發生了一場眾多神龍和類人生物之間的對抗。

一位會發光的仙女，擁有一種可以透過觸摸神龍額頭，而將其變回雕像的法寶。

經過與敵人的成功對抗，蒂博爾特大哥想知道他的新盟友是否值得信賴。

分鏡表的黃金法則

■ 瞭解故事內容

編劇已經花費很多時間在故事情節、角色和角色所處的情境上。你只需詳讀故事，確保完全理解故事的全貌。

■ 做好準備工作

將故事內容視覺化，你首先需要創作出人物角色、生物形態和環境。這就必須針對特定年代（14世紀）和地域（大海）的調查與研究。

■ 牢記玩家的視角

試著自始至終以玩家的視角設計遊戲，這樣你就可以感受到玩家想要的或者感興趣的是什麼。

■ 展現關鍵動作

正在製作分鏡表的劇本中，用螢光筆區分出視覺描繪的部分與對話部分。之後再在其中找出每個部分的主要視覺元素，然後開始構建故事結構。如此一來就建構出嚴謹的工作流程。

夜行神龍

在14世紀英格蘭寒冷的密林深處，一座修道院遭到了襲擊。裝飾在屋頂的神龍雕像毫無徵兆地活了過來。它們在上空盤旋，殺死了所有人，污染了大地，並肆無忌憚地向下投擲礫石。

你將扮演蒂博爾特大哥的角色，他是一位沒有文化而整日在田間勞作的修道士。回到修道院的時候，當你面對一片廢墟的時候，意識到或許自己是唯一的倖存者。除了一兩隻在你盛怒之下被殺死的神龍以外，其他神龍已經統統消失不見。你立即收拾行裝趕到臨近的一個小村莊，但這個村莊也已經是一片狼藉。你決定踏上征途，殺死那些令人作嘔的神龍。

這條路一直將你帶到倫敦（那兒是一個可以幫你解答某些問題的地方）。當你在正午時分緩步走在鄉間小道上時，飛行著的神龍如烏雲般在道路上空盤旋。灰色的神龍（依然保持著雕像的特徵）時常尖叫，並不停地抽搐著、怒吼著，但是也有一些行為非常冷靜。從它們手握著的鐮刀、斧頭和乾草叉可以看出，這個罪惡集團顯然已經洗劫一個農場。突然其中一隻巨大的神龍，手持鐮刀急速俯衝下來。由於這是遊戲的開端，所以你可能只有一根棍棒作為武器。你必須幹掉這些神龍，並保證不被它們發霉的牙齒咬到。

有一些神龍坐在灌木籬牆上觀看，另外一群則憤怒地怪叫著想要撕咬你。你猛擊一個神龍的頭部，同時奪過它的鐮刀作為武器。雖然你並不需要殺死它們，但你必須強力還擊。即便如此，這種攻擊方式，也足以導致它們在遠處釋放法術。

幫助你跳出灌木籬牆的是一位仙女！一位發著綠色光芒並帶有翅膀的仙女出現了，她能夠在神龍的上方飛翔，並透過觸摸神龍前額上類似沙子的部位，使其變回沒有生命的石頭。藉助仙女的強力協助，你便可以戰勝這些神龍（這是一個巨大的、可以振翅高飛的類人型角色）。你被一群一動也不動的怪獸所包圍，它們齜著牙，渾身各處好像都可以作為武器。但這個仙子是否值得信賴，也是一個重要的問題——這個輕盈、柔美並充滿自信的生物是否決定加入你的滅龍任務。

塗鴉與速寫

在遊戲設計與概念藝術創作中，有兩個重要的視覺要素：角色與場景。在針對這兩個
要素的遊戲開發過程中，往往都需要繪圖技巧。

手繪是創意的直接表現技法。隨時在速寫本或者隨手可用的紙上
塗鴉是一個很好的方法。創作簡略圖稿或者在討論完畢後，根據
故事所繪製的草圖，都是收集圖像資料的好方法。

從何處入手？

當你對一個地點或者物體有了想法，就可以開始建構這些世界和
居住在其中的人物角色了。用原始的圖形體塊自然地繪製角色，
是一個非常好的開始。一袋馬鈴薯就能很具象地說明物體塊面的
概念──粗糙質地的外表加上塊狀的體型。人工製造的物體提供
了多種組合的可能性。你的想像力可以重組這些塊體，從而建構
出建築、飛船或者機械怪獸。同時，你也可以在繪圖時看一部電
影，將影片中你感興趣的情節，加入到自己的創作中。

藝術的 "瑜伽冥想"

當你信手塗鴉或者繪製一些草圖之後，眼睛其實就記錄下了所有
的東西。這時候你可能還無法注意到每一張你所看到的面孔或者
物體，但他們的具體形象已經貯存在你的大腦 "快閃記憶體" 中
了。塗鴉是進入這種記憶的視窗，同時也是探索這一記憶寶庫的
記錄。要像使用一根魔杖或者指揮棒一樣運用你手中的鉛筆，讓
它在紙上暢遊，透過改變鉛筆的力道，畫出富有深淺變化的線
條。如此一來記憶的視窗將被打開，你筆下的形象也會被逐漸塑
造成形。

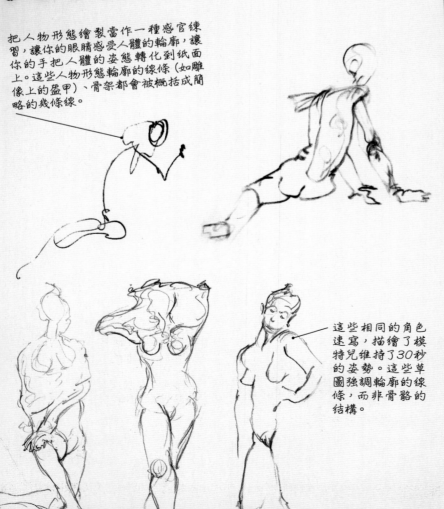

把人物形態繪製當作一種感官練
習，讓你的眼睛感受人體的輪廓，讓
你的手把人體的姿態轉化到紙面
上。這些人物形態輪廓的線條（如雕
像上的盔甲）、骨架都會被概括成簡
略的幾條線。

這些相同的角色
速寫，描繪了模
特兒維持了30秒
的姿勢。這些草
圖強調輪廓的線
條，而非骨骼的
結構。

人體姿態速寫

人物姿態速寫是一種快速讓你放鬆下來，
並達到手眼合一的練習。本質上來說，人
物姿態速寫更是貫穿手指、畫筆和大腦的
一種生理回饋。這種對同樣事物進行充分
描繪的練習，將使你在大腦中建立起圖形
意象資料庫。

當第一次見到一個人物角色時，或者在一
定的光源下看到一個物體的時候，你要注
意其曲線或體格、光影，自然地表現出帶
有透視的體格和重量感，並注意要透過鉛
筆的繪製，在紙面上表現出運動幅度較大
的物體重心；用大的圓圈表現大腿與臀
部。你應該在繪製之初，迅速地在紙上描
繪出被畫物體的各個部分。深色的陰影可
以表現體格，淺色的隨意線條可以表現頭
髮細節。

繪製輪廓

不同技法的變化可以運用在外形塑造上。
不用特別在意畫紙，你應該把注意力集中
在被畫物體的輪廓上，然後慢慢地沿著物
體的邊緣進行觀察，同時逐步記錄在畫
紙上。

混合運用速寫

就像使用塑膠組件來建構模型船、汽車、戰艦一般，Photoshop
軟體中的很多工具都能解構畫面，並將這些完全不同的元素重
組，創造出全新的畫面。Photoshop軟體中的工具，也能夠將一
個簡單的建築速寫，轉變為一整座城市，或者把一些海洋生物的

形象，變成你筆下怪獸的身軀。詳細內容請查看第24頁關於這
種技法的範例。

這幅畫中表現龍的下顎和頸
部的粗糙線條，也可以用來
表現石頭或牙齒。

輪廓線可以用來表
現翅膀的形態和
邊緣，同時也能夠
說明飛行時龍的動
態。

舉一反三，在繪製草圖的同
時，要思考帶有奇怪裝備的、
長著多個變黑腦袋的傳說生
物的形象，並設想好如何安
排頭部或各部分外形的位
置。

當某些細節引起了
你的好奇心，你可
能會創作出更加深
思熟慮的草圖作
品。比如在這個實
例中，會思考硬皮
質地的翅膀，是如
何覆蓋在形貌瘦小
的飛行生物身上。

混合搭配繪圖元素

你可以透過混合搭配粗糙的速寫草圖，輕鬆地創作出一個更加完善的設計。在這幅場景設計中，石頭高塔的結構便被運用到瞭望塔的設計中。儘管這張草圖來自一張早期的速寫，而且它還曾被用在一個表述大軍等待穿越河流、進攻高塔的畫面中。但你的塗鴉絕不會被浪費，而且它們還可能成為草圖繪製過程中的元素。

這幅表現市集擁擠場景的草圖，成功地帶給人一種幽閉的恐懼感。對於表現困境中掙扎的情景，這幅速寫圖是絕好的素材。

對石頭高塔的研究，成功地衍生出對瞭望塔的最終設計。

創作整合性圖像

塗鴉和速寫所帶給我們的最大好處，便是可以重組圖像元素，使它們變成全新的角色或者場景。軟體中的工具可以完美地將弗藝肯斯坦(Frankenstein)的形象，變成當下數位藝術的形式。就像女巫的魔法幻術一般，把水母扭曲的觸鬚、章魚凶猛的眼睛和牛頭怪的大鼻子結合在一起，創造出一個嶄新的怪物。在Photoshop軟體中各個圖像都有獨立的圖層，這可以讓你完全控制其形態的蛻變、比例和角度，然後把它們結合在一起，創造出全新的生物。

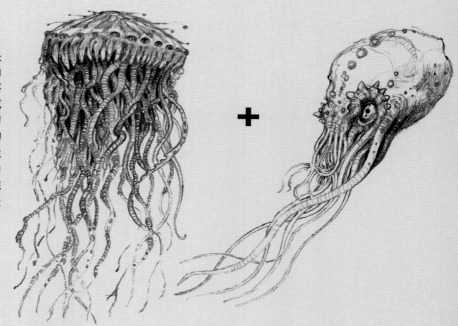

步驟1

從身體的不同部位考慮。翻閱你的速寫本，然後選擇一個適合做奇幻類角色頭部的素描造型。這樣一來，水母的造型便被挑選出來了。

步驟2

現在開始尋找合適的臉部特徵。它們可能和你所選擇的頭部互為補充。這裡，下面飄蕩著觸鬚的章魚頭與眼睛，被裁切下來並做翻轉處理，然後再組合到水母頭部上。

創意表達

向客戶展示概念草圖，是一種能夠在精緻的縮圖中，儘可能多樣地展示不同角色類型的好方法。當特定客戶選出了最終角色的造型，接下來你可能會被要求從不同的角度繪製更多的速寫。

士兵 ▶

巨大的鉗子、苗條的身軀、短小的尾部，讓士兵這個角色成為一個打手的樣子。他會不停地進行攻擊。

皇后 ▶

皇后這個角色會在視覺設計和功能性方面，讓人留下深刻印象。粗大的觸角為她在群體中，提供了強大的溝通能力。她巨大的後背有一半都屬於生殖器官。這樣的造型設計，令皇后這個角色缺乏士兵般敏捷的移動能力，但是她在遊戲角色和更大的劇情策劃中卻產生重要的作用。

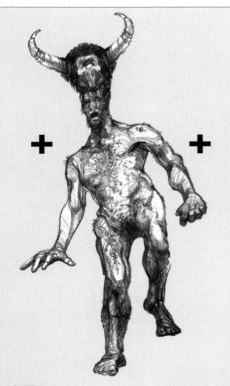 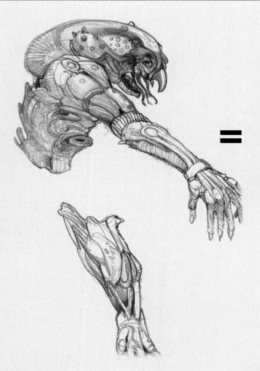 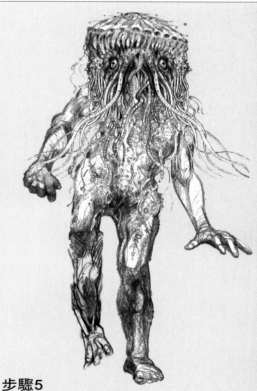

步驟3

這張速寫圖像幾乎全部都用在最終畫面中（除了左腿和頭部）。

步驟4

將第三步驟中怪物的左腳和小腿，在Photoshop軟體中擦除，然後將肉食性動物的腿接合上去。

步驟5

這樣它就鮮活生動起來！完成後的怪物已經準備要去大幹一場了。

角色概念化

幾乎所有的奇幻類插畫，都包括人類的各種特性。要繪製變形或者符合視覺習慣的類人型角色，你首先必須熟稔正常人類的體型及結構特徵。

儘可能透過寫生課程，學習裸體人類角色的繪製，特別要注意身體比例，並注意重點觀察關節部位。學習骨骼、肌肉組織並觀察身體的結構關係——不同的身體部位在動作中，會展現不同的變化樣貌。要始終考慮身體各部位是如何運作的，還有這些細小的部位是如何組合到一起。為了能夠找到很多關於人體解剖方面的書籍，不妨去當地的書店看看。

一旦徹底瞭解人體是如何運作時，你就可以開始嘗試進行角色變形的繪製。放縮、調整、強調出那些關鍵部位，如四肢、肌肉以及臉部結構，然後你就可創造出非常新奇的角色，使角色躍然紙上，令欣賞者嘆為觀止。

角色繪製的黃金法則

■ 角色站立或端坐的方式，由角色的需求或行為決定；

■ 奇幻藝術設計中動態的平衡，由角色的重心決定，就像是在真實世界中一樣；

■ 在繪製角色的時候,要注意考慮攝影機的角度；

■ 在表現四肢造型時，比如胳膊和腿部，依照透視法縮短是非常重要的表現技法；

■ 簡單的色調和陰影效果，可以輕鬆地讓角色活靈活現。

◀女孩的力量

很多奇幻類藝術家都會使用延長腿部線條，收縮腰部、手腕和腳踝線條，以及跨大胸部的方式，讓女性角色變得更為妖艷動人。這些並不是進行角色設計的先決條件，你也不必拘泥於這種慣例。像這位健美的亞馬遜女戰士，透過發達的肌肉，同樣也表現出了性感形象。她的姿態強調出最終的勝利。沾滿血跡的武器暗示在戰鬥中，她是一個需要認真對待且具有影響力的人物。

亞馬遜女戰士

男性與女性角色的縱向比例關係是相同的。但是女性的骨盆較大，因此使女性角色有著更豐滿的臀部和更纖細的腰身。按照正面、背面、側面、頂上角度的順序繪製角色，你會看到典型的男、女軀體在外形上更多的細微差異。

男性武士

男性角色肩膀非常寬大，腿部、胳膊和軀幹的肌肉也更加發達。你可以在站立的角色中，輕易地展現出他的力量，但更好的建議是讓你的角色擺出一個姿態，比如這位暗中伺機而動的武士。然後思考肌肉是如何表現重心和壓迫感。

奇幻類怪獸

當讀者解讀奇幻類怪獸角色的時候，畫面中需要有多少我們所熟知的人類特徵？一般而言需要的很少，但是一定要保留某些人型的外觀，否則你創造出來的生物會欠缺吸引力。這類怪獸角色擁有肌肉發達的軀幹，類似人類的頭部外形和站立的姿態。

捕捉靈感

角色概念化的靈感，經常可以透過觀賞不勝枚舉的經典動作電影來獲得。在電影中，從角色的著裝到武器都蘊含著大量的參考素材。沒有什麼方式比將電影畫面停格，然後從不同視角觀察著名的奇幻類角色，更容易獲取參考素材。燈光、陰影、角色所處的場景、運動中的肌肉，這些都是值得去觀察與學習。只有自己的想像力，才是你最大的創作瓶頸。

| 正面圖 | 背面圖 | 側面圖 | 俯視圖 |

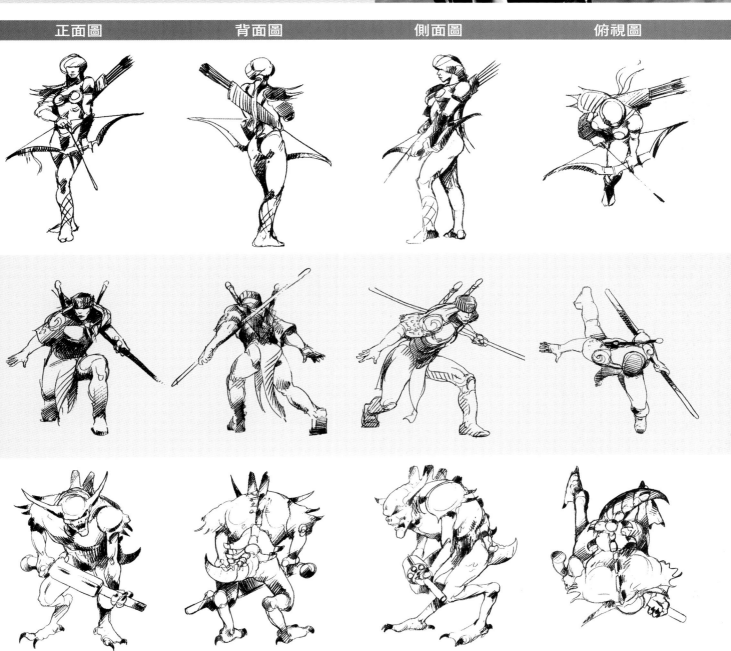

賦予角色動態

所有的角色速寫都依據解剖學原理進行描繪，這種草稿會隨角色的位置或情緒而改變。你必須先瞭解人體運作的機制，才能夠賦予角色鮮活的生命感。

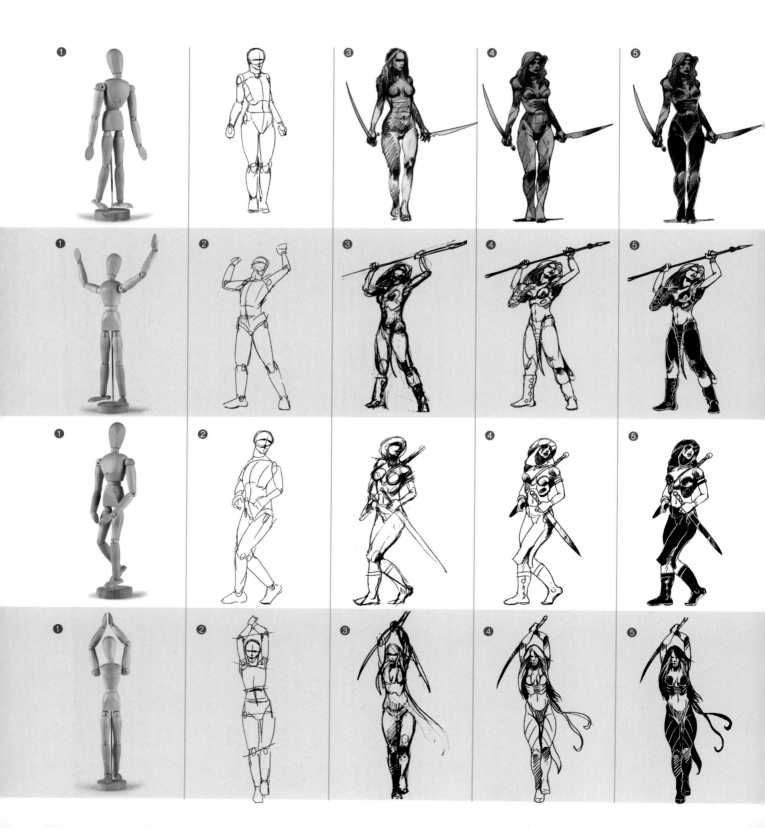

只有為角色合理地設計動作和軀體肌肉的關係，你的角色才能看起來真實可信。依據解剖學的草稿（在一個動態下，簡化版的身體造形圖）是你成功的關鍵。簡要步驟如下：

1. 將人偶模型擺出一個姿勢；
2. 一個人體造型是由圓形、方形和三角形等形態組成。把你所看到的形狀都畫出來，如顱骨、胸廓、骨盆、大腿、小腿、胳膊等；

3. 依據最初的草稿，繪製出線條草圖；
4. 修正你的線描草圖，並把它細化成包含更多細節，成為帶有明暗關係的素描草圖。開始思考各部分肌肉及其結構，還有光線對它們的影響。如此一來就可以使平面化的線稿更將生動，使人物變得有血有肉；
5. 先用鋼筆描線，然後將草圖掃描進Photoshop軟體、Illustrator軟體或者其他你所選擇的電腦軟體中，最後再進行細節處理。

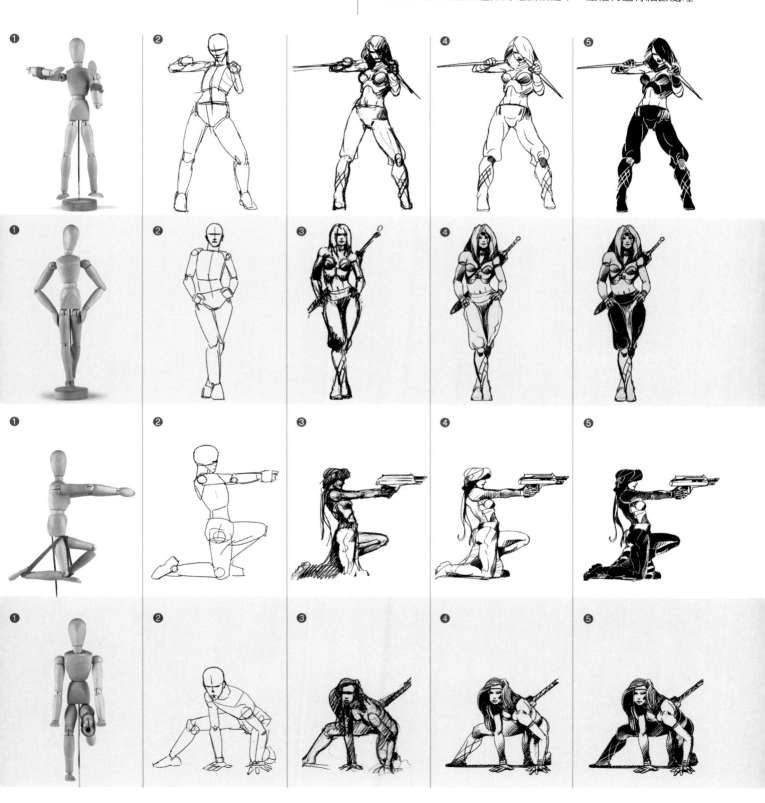

角色服裝設計

一個華麗的僵屍會穿成什麼樣子？唯有你和那些才華橫溢的設計師們，才能創造出讓人們嘆為觀止的角色外貌。

你所設計的角色需要一系列適合他們風格，以及和遊戲中所處級別相符的裝備，儘管怪物們並不總是需要額外的服飾。絕大多數的類人型角色，需要能夠強調出他們體格的性感服裝，以及能夠增強角色視覺特效或強化身體力量感的服飾。

性別因素

衣著、武器、髮型、身體上的孔洞（如耳環洞）、紋身以及各種刺青，能夠增強角色意象、個性和性別特徵。一個傳統的男性角色會有健壯的體格、帶有疤痕的面孔、神秘的紋身和肌肉發達的臂膀。一個相同的女性角色，則可能有著稍微輕便的裝備，更多裸露的部位——以便突出以弱勝強的形象，而且沒有遮擋面部與髮型的頭部裝備。雖然這是慣例，但是在奇幻藝術中，一切都容許改變的。請看這些太空少女的形象，是否能讓你從中獲得靈感。

沙漠住民

暴露在末日的沙漠上，不對稱的服裝設計，表現出這個角色的狂野意象。

叛軍槍手

這位持槍的堅強女孩的服裝增強了功能性，也削弱了裝飾性。背包、厚重的靴子以及護膝，顯示著這並不屬於一項太前衛的未來設計。

公主

這件華麗的禮服，展現出相當霸氣的輪廓造型。作為王室成員，她必須威嚴而艷麗，尤其在遊戲中，她是身為引人注目的重要的角色。

科技戰士

這個角色具有50％的科技風格、50％的魔幻風格。二者結合的風格為你的設計，提供多樣化的元素。同時這種風格，也讓那些喜歡獨特風格的玩家神魂顛倒。

哥德＋龐克風格

這種設計廣泛地融合哥德風格和龐克風格，再添加上科幻風格。白色的頭髮、裹腿和其他設計項目形成鮮明的對比。

少女戰士

觀眾可能會認為這是一位缺乏經驗的年輕戰士。別傻了！不過別太在意觀眾的想法，讓他們驚奇會就意想不到的視覺效果。

服裝的變化

當為一個大型的多人線上遊戲創作概念的時候，服裝的變化是必須考慮的要素。在這個遊戲中，玩家可以選擇盔甲、武器、頭盔，甚至是角色的臉部特徵。身為概念設計師，你有責任設計並描繪出每一種服裝變化樣式。

你的客戶可能會從每一張草圖中選取元素，所以不要丟棄你所畫過的任何東西。例如：最終的角色概念擷取了第一張草圖中的靴子、盔甲和第二張草圖中的護肩。

傳統的武器和道具

奇幻遊戲中的武士需要一個裝滿駭人武器的兵器庫。如此一來，當角色獲得技能或者贏得分數後，便可以得到更強更好的武器。因此，武器創作上的變化便更為重要。其它必要的裝備也是如此，例如盾牌、背包、刀鞘、腰帶、槍套、護目鏡、頭盔等。首先應以鉛筆速寫開始描繪。

這是一把有著細長刀刃狀的戰斧。它為開膛破腹提供絕佳的功能。同時戰斧還有著長矛般的斧背，能夠輕易地刺穿金屬頭盔。

這把戟在典禮儀式和進行防禦的時候都非常有用。

這把雙頭戰斧具有用來撕裂並切割盔甲的功能。

這把單頭斧可以擊碎面甲並撬開盔甲上的鉚釘。

這兩把戟既可以用在儀式上，也可以用作駭人的致命武器，掏出並切碎敵人的內臟。

頭部與臉部的描繪

臉部結構決定大多數奇幻類生物的型態,也是塑造人型角色外貌的絕佳開始部位。

在一張有著小鼻子小嘴巴的臉上,出現一雙大眼睛,會傳遞出一種率真和脆弱的感覺。但是一雙小眼睛配上同比例的鼻子和嘴唇,則會表現出人物奸猾與淘氣的性格。角色臉部各部位(鼻子、嘴唇、眼睛、耳朵)的比例、外形和大小會帶給玩家角色性格相關的線索。面露慍色或者若有若無的微笑會讓角色更有深度,也更加神秘莫測。在奇幻藝術裡,你可以大角度誇張地表現臉部結構(利用數位模型沒有什麼不可能)。數位模型首先能夠讓你確定標準人類頭部的外型和比例。《星際迷航》(Star Trek)中許多著名的外星人,比如克林貢人(Klingons)或者羅慕倫人(Romulans)的概念設計,就源於人類的臉部結構。

下邊和右邊的圖片會讓你確定臉部各部位的位置,以及各部位之間的關係。仔細地觀察這些圖片,然後練習繪製轉動的頭部和臉部。由於是不同的角度,因此臉部各部位的位置會隨之變化。

誇張是在創作奇幻類角色和生物時必要的手法。當你已經精通頭部的基本結構時,就可以開始從臉部各部位的大小和形狀上進行實驗,同時也別忘了考慮一下角色的身體。你對角色臉部的創作能夠豐富角色性格的特徵嗎?還是會與它們的特徵相違背?例如:一個嬰兒的腦袋長在巨大怪異的身軀上,可能說明這是一種危險的生物;一顆巨大的腦袋長在一副極小的身體上,可能表現出具有瘋狂的才智,以及超越現實的意象。

正面:表現出稜角分明的臉部結構。

四分之三面:下巴和顴骨的結構線交匯在一起。

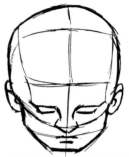

正面並俯視:前額線位於正中。

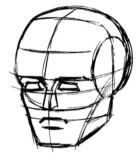

標記出表示耳朵位置的橢圓,以及下巴正確的角度。

向右後方傾斜的頭部,展示出下巴的底面。

向後傾斜的頭部,展現出脖子和下巴,以及經過前縮短透視後的臉部。

▲各種角度的頭部

畫出網格可以幫助你從不同角度觀察頭部的特徵。利用中軸線和水平分界線,你可以設計出當頭部轉動時各部位的位置。

角色年齡變化

兒童的額頭很高,鼻子也很小,而且並不成形。青少年有著結實的面龐,並且由於青少年時期的肥胖,所以臉部通常比較圓潤。上年紀後,骨骼和肌肉會更加明顯;皮膚會在重力的作用下垂墜,下垂的皮膚會集中在眼窩和嘴角處。男人的下巴和眉弓會比女性要更明顯。

女性

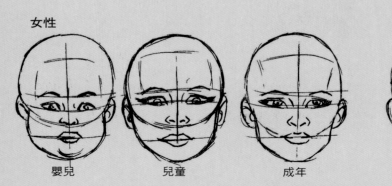

嬰兒　　　　兒童　　　　成年

男性

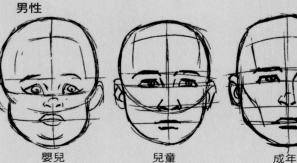

嬰兒　　　　兒童　　　　成年

角色性格的塑造

角色的臉部和頭部是最先影響觀者感覺的部分，因此要尋求不同的方式，使不同的角色形象化。臉部結構和表情的表現，在角色塑造過程中是必不可少的一環。這裡的每一個例子，都展示出透過運用不同的元素，捕捉角色陰暗的外貌特徵。

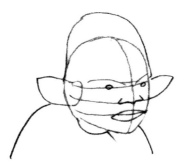

步驟1
從兩個方向，將一個基本的球形劃分成兩半。把臉部的下半部分大致分為三等分。用最簡單的方式畫出頭部的各個部位。

步驟2
為臉部增加細節，並表示出顴骨和下巴的下垂線。用陰影塑造出外形和臉部的形狀。

步驟3
著色後便就完成了角色的繪製。泛紅的顴骨和紅鼻頭，展現出不自然的紅潤和暴躁的性格。

步驟1
這個正面的畫像是在圓形的基礎上，畫出了扁而寬的頭部外形。並依據上述方式，劃分頭部外形及各部位的位置。

步驟2
現在開始發展這個邪惡的角色。請把注意力放在扭曲變形的嘴部和令人噁心的牙齒上。深陷的眼睛遠遠分開，為角色增添了瘋狂的氣氛。

步驟3
誇大角色瘋狂的外形，扭曲變形的嘴唇包裹著黃色的牙齒，並強調出眉宇之間憤怒的線條。

步驟1
將老人與癩蛤蟆的臉部特徵相結合，創造出荒誕的角色。用橢圓畫出頭部外形，並標出眼睛、鼻子和嘴唇的線條，還有又短又粗的脖子。

步驟2
現在集中表現癩蛤蟆的特徵。描繪那雙深陷且遠遠分開的球形眼睛、醜陋的嘴唇和邪惡的尖牙，並為肉嘟嘟的臉部添加陰影效果。

步驟3
用皮膚上的一絲綠色，強調出角色臉部所展現出的諂媚本性。同時也顯現出他的陰暗和反復無常的本性。

誇張手法

遊戲業界的概念設計師經常使用誇張的手法，來描繪異形類的角色，但這些形象的塑造，也是基於人臉的形狀而改編的。

多重特徵
多重的眼睛、耳朵和嘴巴會讓人產生困擾和不安，它們被放置在錯誤的地方，或者被畫出多餘的數量。

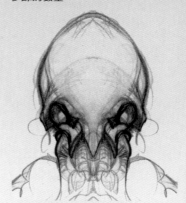

對稱性與不對稱性
不對稱的方式適合表現藝術題材。但是對稱性也有獨特的特性，常適用於類似昆蟲的形象，或者機器人的形象。

擴展主要細節
延長後的形體，如範例中的脖子和嘴部，會讓你筆下的角色，具有幽靈一般的外觀感覺。

藝術家工作室

作品名稱：半獸人（Orc Boy）

作者：J.P.塔吉特（J.P.Targete）

應用軟體：本數位圖像由Autodesk公司出品的雕刻軟體Mudbox（詳情查閱第115頁）製作而成。許多藝術家會使用諸如ZBrush、Mudbox以及3D-Coat來創作"概念雕塑"，將2D概念創作用3D技術表現。這些作品展現出藝術家完稿的優秀創意。

技巧：首先我會從一個球體開始繪製，然後用分割多邊形和增加細節的方式，將模型慢慢建立起來。一旦我對畫草圖比較滿意，便會開始在上面繼續進行繪製。Mudbox軟體具有不錯的繪畫工具，雖然不像Photoshop軟體那麼優秀，但是已經夠用了。最令人欣喜的是這些繪畫工具，可以讓你即時地繪製出對稱圖像，而且還可以在不同的材質特效色版上繪圖，比如高反差、光澤度、凹凸貼圖，以便增加更多所需要表現的實際效果。當完成繪製後，我會對模型進行截圖，然後用Photoshop軟體進行潤色並添加背景。這時的潤飾是次要的，我只是將那些在裁切時變得模糊的輪廓線清晰化。

黃金法則：角色性格的整合

我打算透過困苦陰鬱的表情，來表現一個非典型的半獸人角色。眼睛、額頭和嘴部的造型，將成功地傳達出這種感覺。作為人類，我們每天都會做出這些表情。如果為一個非人類角色建立一些表情，那麼角色便可以被任何我們想要賦予給他們的情感充實起來。你將角色的性格整合出來，觀眾才會感受到角色的特質。請試著運用如下練習：

● 試著在鏡子前練習臉部表情。觀察自己臉部的形態變化、肌肉的運動，還有肌肉塊面的變化，特別是要注意額頭和顴骨周圍的肌肉。

● 畫出你所看到的。觀察臉部能夠增強寫實感的微妙動作，並思考你想要表達的情感，而不是單純地描繪表情而已——一個微笑的臉部表情，與洋溢著幸福的臉部表情是有著明顯區別的。

● 在下一個角色創作中，運用你曾經表現過的情感，角色將會更加生動。

使用鏡射圖像

用軟體製作臉部和身體的一個好處，就是能夠創作對稱的圖像。對稱的臉部呈現出怪誕的特徵，在角色完美對稱的臉上，表現出冰冷漠然的表情。這裡的兩幅原始作品，以垂直的中軸線分開。每邊的半張臉都被複製、反轉，然後再將兩個完全相同的半張臉拼貼在一起，創作出兩個相同但又完全不同的角色。

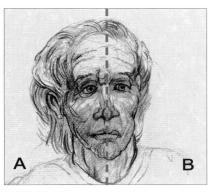

原始作品

首先掃描你的草圖，找出臉部的正中心。然後把它垂直等分成兩份。複製A面和B面，並將他們（A1和B1）水平反轉，再將A和A1合併，B和B1合併。

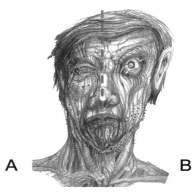

原始作品

原始圖像扭曲而且頗為噁心。將原本誇張的臉部以鏡射技巧處理後，可創造兩種截然不同的角色。不過，你仍然會發現它們具有類似的性格特徵。請參考左側的技巧，進行圖像的裁切、反轉、併合處理。

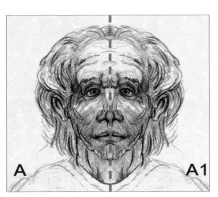

A+A1

歪斜的頭髮和陰鬱的心情，使這個臉部看起來像個男巫。

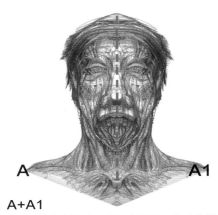

A+A1

A和A1組合創作出一個三角形的、像嚙齒類動物的臉部，突顯了角色的瘋狂特質。

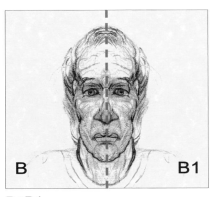

B+B1

圖像被鏡射處理之後，拉長的臉部看起來像個沉默寡言的店員。

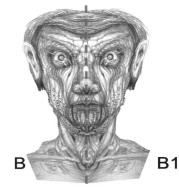

B+B1

B和B1組合成為一個蛋形的頭部。這個角色看上去類似一個兩棲生物，而且還帶有一點憂鬱。

藝術家工作室

作品名稱： Barrakus

作者： J.P.塔吉特

工具： 鉛筆、墨水暈染、數位繪圖

技巧： 首先畫出清晰的線條，然後再用棕色墨水在有色紙上為草圖打底。

黃金法則：惡魔藏在細節裡

想像一幅風景畫；當你最初見到它的時候，它只是大面積的顏色，但如果靠近畫作，你會看到很多的細節，在概念設計中添加細節是必要的。但是如果你像一位3D設計師那樣，忠實於捕捉那些精準的設計，那麼你就必須提供正確的細節資訊。概念設計師會把細節工作，交給一個值得信賴的3D設計師去做，而我更傾向於把自己想像出來的東西，直接提供給他們，甚至小到腰帶扣環上的寶石。

▼ 角色草圖

這些設計是我展示在紙上的最初想法。確認及呈現自己的想法是非常重要的，因為儘可能地展現他們應有的樣子，才能使角色具有鮮明的特徵。

◄ 角色服裝設計

與優秀的解剖結構和角色設計一樣，服裝設計也是一門藝術。這是賦予角色歷史、文化和自己遊戲世界特徵的一種方式。你應該設計適合角色體型和骨架的服裝。Barrakus角色的身體呈三角形，因此所有的服裝設計都應該依循這點特性。無論是從他的獸皮裙、鬍鬚，以及他的墜飾，所有的裁剪都應該表現出恰如其份的特色，其關鍵詞就是"客製化"。

◄▲ 頭部變化

頭部與臉部是建立角色個性和態度的關鍵。我想為角色呈現出邪惡到活潑不同風格的頭部和犄角的變化。這一步的關鍵詞是"個性化"。

到達概念設計的終點

你已經試驗過各種姿態、臉部、服裝和飾品，但是現在才是做出困難選擇的時候。事實上，這些選擇會因為之前早期的素描草圖而變得容易一些。這裡只有少量的關鍵性設計元素，會變成最終的設計，同時還有少量的元素被拋棄或者修改。有時候你會按照客戶或者藝術總監的指導來製作，有時候你也會遵循自己的直覺。Barrakus角色的主要元素中，需要被修改的是頭部與臉部；客戶想要一個更加傲慢兇惡的怪獸。深血紅色的皮膚和角色腰帶，以及青銅飾品顏色和肌理的塑造，能滿足客戶的需求。最終完成的設計就是：沒有任何細節被遺漏。隨著遊戲製作技術的不斷進步，概念設計師必須創造更為細緻作品。

動態構圖

在遊戲藝術中,你運用圖像畫面引領觀者進入一個特定的視窗。每一幅畫面都須
運用不同的方法,並基於概念設計中的視點、情感或功能將所有元素組合起來。
在一個電玩遊戲中,你總是會忙於設定格式:電腦螢幕上的顯示規格。這聽起來
可能會對你的設計產生很大限制,但是事實上會為你提供多種的構圖選擇。

光源成為視覺焦點 ▶

幾個世紀以來,設計師一直都在用光線,引導
觀者的眼睛來設置構圖。在這張圖中,那個高
聳的建築可以被看作是一座被照亮的外星人宮
殿。就像是對這一幕場景的敬畏,我們也被其
中的光線所吸引,並期待著畫面能夠帶來更多
的想像空間。

◀ 中央構圖法

將主要的視覺重心,置於畫面的中心
點附近,是最基本而有效的構圖方
法。在這張圖像內,圓頂狀建築的大
小及位置,都是視覺的焦點。雖然其
位置並非精確地位於畫面正中央,但
是比起其他的建築物,仍具有壓倒性
的主導地位。

◀ 建構關鍵動態

對角線構圖是一種強而有力的構圖方式。本圖中利用角色翅膀的末端，創造一種潛意識的構圖方式。這位藝術家引導角色在鏡頭中的動作，同時也左右觀者所看到的事物：構圖展現著遊戲中的動作，也左右著玩家的視線。

從左到右的觀賞習慣 ▶

圖像與背景之間的反轉與對比，是一種有效的構圖工具。當構圖順序引導觀者從左向右或從右向左地觀察時，對比會變得更加強烈。這是一個奇幻叢林的鏡頭，其中樹枝發揮誘導視線的功能，構圖引導你的眼睛從左邊的猿人開始，穿過英雄所在的樹枝，然後到達背景處的城堡。這位設計師想要透過英雄角色和周邊事物的構圖，把你的注意力吸引到觀賞城堡之上。

透視基本原理

在奇幻藝術的創作過程中，透視技法是在2D平面上，創造3D立體錯覺的傳統表現技巧，但總能為畫面增強視覺性衝擊力。

透視依據一條可以觀察到或者被隱藏的視平線，以及一個或多個視平線上的消失點，創造空間的錯覺。

一點透視

在一點透視中，所有水平方向的線條，都會從觀者向消失點集中。當垂直線條確定後，應該保持正面的水平線條與視平線平行。這相當於順著街道進行觀察；道路會在視平線上集聚於一點，兩側的房屋會使街道看起來窄一些，並增加了距離感。一點透視是最容易的方法，並且在奇幻藝術的速寫中，發揮重要的作用。

兩點透視

在兩點透視中，你在視平線上會有兩個等距離的消失點；同側水平方向上的線條，會指向其同側的消失點。這種透視在表現街道轉角處最具有效果。

三點透視

三點透視可以強調出向上或者向下的透視效果。這很像兩點透視，但是垂直方向的線條也會交匯於一個消失點。如果它們向上交於消失點，那麼你選擇的便是仰望上方的視角。想像一下從地面看向一座高樓的轉角處，你可以同時看到兩條街道和仰視的高樓（這並不是普通的視角，因為通常情況下會傾向於在一件事物上集中注意力，而不是同時看所有事物）。在空中以俯視的視角，第三個消失點會在建築的下方，因此垂直的牆面都會向下交集於消失點。

解決問題

當你按小比例繪製圖像的時候，透視的實際問題便出現了。例如：在用兩點或者三點透視繪製外景時，消失點並不在紙上。而且如果你距離被畫物體非常近，形態變化就會很大。你可以把這種規則廣泛地應用，這樣便不需要在跨過半個工作室的地方設置一個消失點。這裡的例子提供每一種基本的方法和應用。如果你對這類技巧特別感興趣，可以去找一些專門講授透視的書籍，作為參考資料。

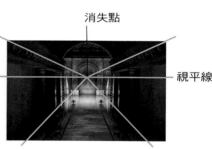

消失點

視平線

一點透視

畫一條視平線確定出你眼睛的高度，並在視平線上設置一個消失點。消失點越靠近視平線的一端，那麼這一端的物體就越會被壓縮。然而你對面的垂直牆面並沒有發生變形。兩側逐漸向遠處延伸的牆面，可以從角落處沿牆體邊緣向消失點交集。那些天花板上的建築裝飾線條和吊橋兩側的線條，引導觀者進入畫面中心的水池。圖像在一點透視的表現下，營造出一種身在有景深效果的立方體之內的感覺。

兩點透視

水池中的高塔運用的就是兩點透視技巧，畫面外有兩個消失點。從中垂線開始，沿著左右兩條平行於水面的無形線條，確定出高塔的底部，並與水面相交的線條。從塔的兩側開始，畫出另外兩條無形的線條。塔兩側的這兩條線條的交匯處，便是左右消失點。連接這兩個消失點，就可以確定出視平線。

視平線

消失點　　消失點

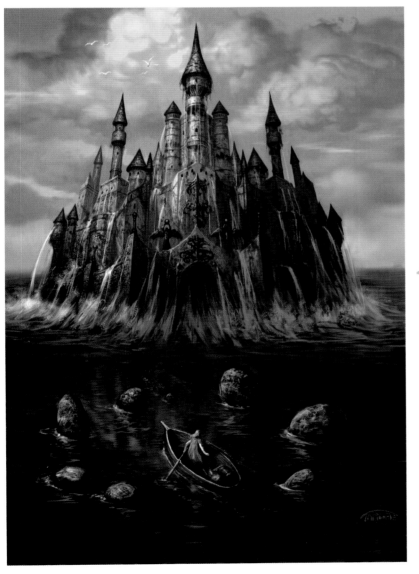

消失點 ——●

視平線

三點透視

這個鏡頭中三點透視營造出戲劇性畫面，特別是當它作為遊戲中的一個場景時，你身為行駛中小船裡的一個角色。垂直的線條都向上傾斜，並交集在空中的消失點。與此同時，水平方向上的線條都交集到兩側，就像上圖所展示的兩點透視一樣。

燈光效果

為作品增添燈光效果，可以營造出場景的氣氛和創造戲劇化效果。

"用光線繪畫"是約翰·奧爾頓（John Alton）同名書中的一個敘述性用語，以此來描述電影攝影師給場景打光的過程。電影攝影師關注的是用光線傳達情緒和戲劇的重點。你也希望自己奇幻類概念設計圖的光線，有同樣的效果：營造氣氛、傳達圖像重點。

劇情和深度

圖像場景中的燈光效果會決定場景設計的特性。一個具有深刻內涵的場景，可能只有一個光源，比如光束照亮了一條穿過森林的小路，或者是光束從上方開闊處傾瀉在一片空地之上。這就表現出了一個情節或一種藝術手法。

燈光效果還可以作為時間的參考，營造出強烈的視覺衝擊力，比如閃電或雷射光束。燈光效果為場景層次提供了線索，如圖中近處的陰影，襯托出遠處更加明亮的物體。

圖層中的燈光效果

在Photoshop軟體中為圖像添加一層黑色的遮色片，或一個深色的圖層，可以調整透明度，使下面的圖像隱隱約約地顯現出來，如同關掉燈光一樣。然後再把你希望獲得光照的物體和表面，留在圖層之外，並施以適當的打光。當一小塊區域暴露在燈光之下，這樣就可以產生極佳的渲染效果，這也是一種表現從暗室的窗戶照進來的燈光，以及牆上的火炬，或桌上燃燒的蠟燭所發出光照效果。

時間的變遷

奇幻遊戲場景中隨著時間的變化，表現出來的光照效果，既有美學功能，也有強化遊戲效果的功能。對於概念設計師來講，用一個相似的場景來展示整個動態的世界，燈光效果當然扮演最不可或缺的角色。如圖所示，隱密行動的概念設計，運用當日時間的變化效果，能夠協助或妨礙你的探索任務。

圖層的光線控制與規劃，能呈現劇情或氣氛。光源最充足和最明亮的區域就是光照的中心。以發光點或光源為圓心，光線照射範圍為半徑，色調由暖色過渡為冷色，而光照區域的周圍會由亮轉為暗。

1. 正午

前頁圖中展示的是未發掘的叢林廟宇，沐浴在上午的陽光中。你也許是第一個看見這個遺址的人，但是你的對手們很快也會來到。佈滿蔓生植物的入口，會隨著挖掘而重見天日。在Photoshop軟體中，淡黃色圖層構成中性暗淡的光影效果。然後將加亮圖層放在上面，營造出朦朧的感覺。前景中枝葉繁茂的樹冠和蕨類植物，能夠協助整合場景及建立視角。

2. 夜晚

陽光圖層和樹葉圖層可以輕易地在Photoshop軟體中去除，還可以添加新的圖層，以改變陽光下未發掘的遺骸，為夜間的場景揭開序幕。到了夜晚場景，入口處就更加明顯了。這裡提供了一些選擇，有些有益，有些無益。篝火是活動和文明的象徵，可以讓人覺得親切。但是誰來給篝火添柴呢？高斯模糊工具可以創造出糢糊的光影效果(詳見第45頁)。

3. 黎明

清晨的光線中，篝火已經燒盡，最佳的時機出現了。大家都還睡覺，正是暗中尋找正確入口之時。在Photoshop軟體中，使用中性光束照亮背景圖像，在不同的圖層中，選擇遮色片添加和去除陰影和光效，然後再複製或擦除部分圖層上照射表面的光線。

照亮角色

光線照在臉部的方式，可以影響人們對角色性格和表情的解讀。

從上方照射

眼睛全部被黑暗籠罩，他的光頭和濃眉呈現出了邪惡的面孔。

從右上方照射

雖然他的左臉仍在陰影中，但是效果就沒有上一幅圖像那麼明顯了。

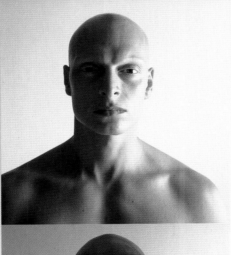

從右側照射

他右臉和身體在白色光線的照射下，呈現出豐富的細節。

從下方照射

眉毛和下嘴唇獲得強調效果，胸部和手臂的肌肉線條得以突出，呈現出邪惡的力量。

光源之比較

在奇幻電玩遊戲的領域中,從玩家控制角色的個人光源,到帶有互動性質的魔術特效,光線有著許多型態和用處。不同性質的光效會以不同的方式影響場景,也許是設定一個表情,照亮一條重要的路線,或揭示一個重要的元素。這裡展示的例子是用Photoshop軟體中的遮色片工具、漸變填充工具和圖層中的筆刷工具完成的效果。高斯模糊濾鏡也是一個很有用的工具,使用24%的填充量來創造如圖像(1)所展現的那種籠朦朧的燈光效果。

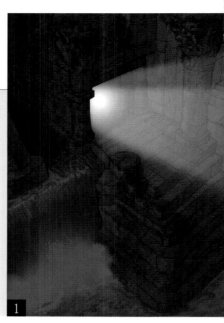

1

1. 閃光光源

閃光光源的白色光線照亮路徑上的物體，並使其他一切陷入黑暗中。

2. 火炬光源

火炬光源比較模糊，只能照亮水面和潮溼石頭的表面。這種光源更較為溫暖，但效果比較粗糙。

3. 電燈光源

電燈光源的顏色比較均勻，表面上的光線比較統一，而周圍的光線，也比火炬光源或閃光光源更多。

藝術家工作室

作品名稱： Extinction:_The_Last_Chapter_遊戲

藝術家： 比爾·斯托納姆

應用軟體： Photoshop軟體中的數位繪畫

技巧： Photoshop軟體中的"高斯模糊"，是一種用來模糊某個圖層的濾鏡，如此圖中的柔光效果。如下圖可見，所有的光點都存在於Photoshop軟體的兩個圖層之中（巨型蘑菇發出的光斑和雲層中透出的陽光）。第二圖層是第一圖層的複製，只是將透明度調整以透出光源，就創造出"高斯模糊"的效果。

黃金法則：對比

一定要經常使用中性或冷色作為畫布，以突出作品的光效。因為這樣會營造出更強烈的對比效果。

在這個場景的單色調中，顏色最淺的區域偏暖色調，而較暗的區域色調最冷。

色彩與氣氛

無論從實際意義還是比喻意義來看，跟燈光效果搭配使用的色彩，是創
建場景氣氛的必要元素。

我們通常將色彩、氣氛和物體的狀態聯結起
來，所以畫作中常用顏色來設定角色的身份
與性格。例如：我們會用深土黃色混合藍灰
色，描繪反派角色的衣著，將淺而溫暖的色調
用在英雄的身上。一個場景的顏色也可以表現
氣氛。我們用藍和綠來畫涼爽的綠洲，用明亮
的黃色、白色表現沙丘，這樣就會給人清爽的
感覺。然而，同樣的場景若是要呈現夜晚的景
象，就要去掉顏色和色差對比，綠洲和沙丘便
會顯得殺機重重。色彩還可以用來表達時間。
例如：用深茶色和粉色混合成深紫色來表現黃
昏時分，用淡藍色和灰色來表現月色。色彩的
反差可以激發劇情和能量，例如：爆炸的輪船
與深黑和藍綠色的海浪形成對比。

色彩分層

為實現色彩效果的最大化，從灰階色彩開始，
逐漸添加其他顏色進入場景。在同樣的場景或
角色身上，加入不同的色彩圖層，會讓你體會
到哪種顏色，能夠最適切地反映角色和敵人的
情緒，以及他們所生活的環境氣氛。添加一層
深茶色、藍色及偏暖的底色，這樣憂鬱的氣氛
就能表現出來。這些同樣也可以應用於
Photoshop軟體中的色彩圖層。

色環

不同顏色之間的關係，可以用下面的色環顯示。紅色、黃色和藍色是原
色（用P表示）。它們之中的每兩種顏色混合起來，就會產生二次色（用
S表示）。因此，黃色和紅色組成橘色，紅色和藍色組成紫色，藍色和黃
色組成綠色。三次色（用T表示）是由任意兩種原色，以不同的比例混合
而成。

暖色通常用在主要
角色或主要聚焦的
圖像上。它們比較
清晰、鮮明。

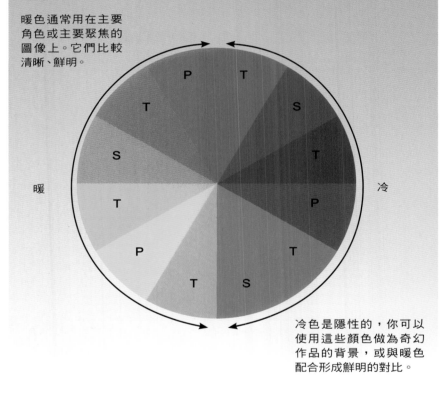

暖　　　　　　　　　　　　　　　　　　　　冷

冷色是隱性的，你可以
使用這些顏色做為奇幻
作品的背景，或與暖色
配合形成鮮明的對比。

使用色環混合顏色

互為補色的顏色位於色環的正對
面位置。它們相互襯托對方的色
相，搭配起來還能創造出動感的效
果。相似色在色環中彼此相鄰，在
搭配使用時，就沒有上述的那種動
感的效果。恰恰相反的是，相似色
搭配會產生穩定而平靜的效果。

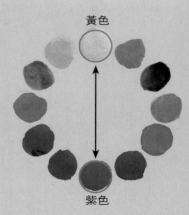

黃色

紫色

◀ 補色
黃色和紫色互為補色，因為
它們位於色環的對立兩端；
黃色在紫色旁才會顯得最為
鮮明。紅色和綠色，藍色和
橙色在一起時，也會產生同
樣的效果。

相似色 ▶
黃色、橙黃色和橘黃色在
一起時，就沒有互補色那
麼鮮明。藍綠色、綠色和
藍色這些相似色的搭配，
也是同樣的道理。

◀ 色調對比

左圖展示了不同色彩的色調對比情況。顯而易見的是，每一種色彩的漸變都會表現出不同的色調，比如綠色就有深青苔綠和亮黃綠之分，而藍色也可以區分為深藍色、天藍色或淡藍色。你可以使用相似色調和彩度的色彩製作混合色。一系列的設計手冊會重點介紹這種組合，也許會對你的奇幻藝術設計有所幫助。你還可以透過觀察自然世界，來尋找這些細微的色調變化。

色彩成為焦點 ▶

許多設計的重點，無論它們針對的是環境還是角色，都需要簡潔並有效地添加重點色。在這幅圖畫中，引人注目的是原色（紅色和黃色）。這是因為原色的飽和度最高。它們擁有強烈的衝擊感，即使你僅適當為之。而且往往當你已經竭盡全力地像圖中這樣，用單色強調出主要細節時，反而會有意外收穫。繪畫的時候，千萬不要使用相同色相，但明度不同的顏色來繪製亮區和陰影區。真實世界是由數不清的色彩映襯融合而成的，尤其是在電玩遊戲中，區分不同角色和他們所處環境時最為重要。

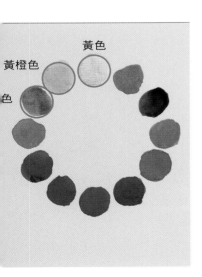

使用色彩來表示當日時間

這些色彩研究來自Sony Online Entertainment公司的《自由國度》（Free Realms），展示了創建
3D環境之前的色彩計畫。燈光可以影響一個場景的情節氣氛，所以這些設計可以作為設計師使用顏
色和光效，傳達適當氣氛的參考。建構這個3D場景的設計師，可以參考這些圖像來發展他們的設
計。

早晨

沐浴在溫暖晨光之中的水面呈
現出綠色調。並在天空和山際
的交界處形成鮮明對比色。讓
物體材質添加黃色的效果，統
一為同是黃色的色調。

正午

正午時分的色彩，是所有遊戲
環境中最自然的顏色。遊戲中
的光線是沒有顏色的，因此一
系列的顏色變化，可以獲得最
直接的體現。暖色系的建築物
用來與沙灘呼應，並與冷色調
的綠色樹木形成對比。

黃昏

黃昏場景的陰影更加昏暗和明
顯。海水的色調也更深，場景
中的各種顏色也變深。此後，
場景中還會添加紅色，來中和
綠色蕨類植物的顏色。

 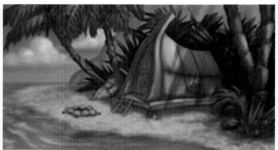

夜晚

偏冷中性色系主宰了整個場
景。天空和山脈的邊界稍微有
反差。遊戲中的光線設定為紫
色，因為它是小屋和沙灘上黃
色的對比色。一小堆營火和窗
口處的光亮，呈現出溫暖的色
調。

藝術家工作室

作品名稱：Borisia 5 遊戲

作者：J. P. 塔吉特

應用軟體：在這幅畫中，我先是用鉛筆快速畫出構思圖稿，並掃描圖像，最後用Photoshop軟體為圖像著色。

技巧：我使用Photoshop軟體優異的圖層系統，來創建圖像中的各個圖層。透過複製和貼上圖層，以及改變巨型蘑菇外形的透明度，為我省下很多時間。反復噴塗草圖中的每個蘑菇會十分單調乏味。我還使用色彩圖層功能，來獲取某些區域不同層次的飽和度。在油畫技巧中，這叫做 "上光"。

黃金法則：突顯個人特色的配色
創建或確定遊戲的色彩計劃十分困難。有兩個問題你必須考量："什麼時間"和"氣候如何"。如果你可以回答這兩個問題，那麼你可以開始挑選一系列顏色。冬季的日落和夏日正午的陽光應截然不同。另外一個技巧是查看相關的參考資料，比如從一些照片或原始圖片來尋求靈感。創建外星世界可以使你獲得額外的自由度，但是要切記保持一致性，使顏色互相搭配。若要充分畫出你想要的樣子，還是需要反覆的練習。

在你建構色彩圖層的同時，查看圖像的黑白版本，會讓你選擇更廣泛的色調區域；在這種情況下，從深藍色、淺粉色到紫色的各種變化紛紛上場。廣泛的色調區域可以避免你的作品喪失層次感。反光明亮的顏色突顯了劇情，可以引導觀眾注視那個主題的景像。

創造逼真的奇幻世界

數位技術已經實現了更高的解析度和擬真效果，使得設計師們更加關注於寫實的呈現——使用最先進的材質貼圖和建模技術，創造出奇幻世界的逼真生物和情境。在接下來的八頁範例中，你將欣賞到設計師如何處理四幅不同的簡圖，並創造出奇幻遊戲世界中，栩栩如生的遊戲場景。

簡圖1：毀滅者的鐘表(The Clock of the Destroyer)

這款第一人稱射擊遊戲的場景，設定在扎爾火山大陸，共有八層熾熱且又呈洞穴狀的堡壘和廟宇。玩家會遭遇陷阱和敵人，也會獲得任務完成的獎勵。你的任務就是阻止世界的毀滅者。

環境：你的周圍是一片古老且又具有強勢文明的遺址殘骸。幾個世紀過去了，這個星球內核的岩漿獲得控制。玩家所處的環境，是以電影過場動畫和特殊場景的非互動方式呈現。

角色：身上戴著華麗裝飾及刻有圖案布條的神祕蒙面人，都是毀滅者的僕人——你的遠古敵人。他們能夠透過變成石像來保護自己，唯有合適的武器才能傷害他們，而這些武器需要你透過每個關卡的挑戰來獲取。

▲巨大的鐘錶房間

毀滅者那巨大的鐘錶房間看起來是這樣的：一個固定在房間底部的懸浮球體，一直在房內移動。它的節奏與銀河旋轉週期一致。每一個它撞倒的雕像代表一萬年的週期，而最後一個石像倒下，象徵著扎爾王國的衰敗，但讓最後一個石像的倒下尚需數日，而且設計者被關押在火焰廟宇之中：你的任務便是去解救他。

武器種類

這個火焰世界中的所有武器，都與主題保持一致性，既為了保證戰鬥的勝利，也為了確保創作的逼真性。

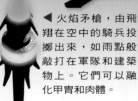

◀ 這是精英武士們的主要武器。這把火劍的火焰內核使它削鐵如泥，並會對肉體產生灼燒的效果。

◀ 火焰投石器由地面軍隊使用，用來拋投出雞蛋大小的熾熱卵石。

◀ 火焰矛槍，由飛翔在空中的騎兵投擲出來，如雨點般敲打在軍隊和建築物上。它們可以融化甲冑和肉體。

▲ 岩漿槍由震波步兵攜帶，其功能是殲滅敵人司令部和控制中心，消滅它們的指揮官。此槍以一馬赫的速度，發射出熾熱的球狀火焰。

巨大的祭祀大廳

當你拿到一幅草圖的時候，就讓你的想像力自由飛翔吧。巨大的祭祀大廳，可能是一座用玄武岩和融積岩建造的宏偉拱頂大廳。你所看到佇立在背景中的石像可能是受害者，由於身上覆蓋了固化的岩漿而痛苦掙扎。其中一個巨大的石像就是納瓦爾(Navar)，他是設計毀滅者鐘錶的偉大科學家。你在這個場景的任務，就是爬到玄武岩石柱的上面，去引爆熔岩雕紋來營救納瓦爾。

簡圖2：冰封世界(THE FROZEN REALM)

這款戰略角色扮演遊戲是關於生存和收集物品的任務，重新使廢棄的武器發揮功能，以對抗敵人和建立同盟。

環境：對於奇幻類設計師來說，遊戲中所呈現對冰雪的挑戰是其中的關鍵。遊戲任務總共有五個關卡，必須通過冰層和岩石築成的高塔和怪獸的洞穴，其中最困難的一關，就是探索沈船中的水下外星文明。你的遊戲技巧和一路結交的盟軍，會幫助你探索和發掘藏匿的武器和知識，最後還必須面對終極戰鬥目標——冰雪皇后。

角色：這個世界有幾種角色：冰雪機器人，來自更古老文明的(駕駛者坐在駕駛艙的腹艙內)六個肢體的智能裝甲車；海洋居住者，有些怪物掠奪成性，有些怪物則很友好；Horned Mudwort是一種海底哺乳類動物，頭頂上長著一對長牙，可以刺穿堅冰或捕食海膽和貝殼類動物，還可以抵禦Marasaur角色，它是這裡唯一的捕食者。

▲ **冰雪機器人**

駕駛員為了能夠舒適地坐在冰雪機器人的軀幹中，它的冰雪撿拾器必須保證能在冰牆上具有靈活性和牽引力，同時它裝有盔甲的頭部，還需要裝備致命武器。在這個設計中，一個三英寸的機關炮，裝在他的頭部，而他的胳膊則呈鉗子狀。

◀ **吸盤生物**

吸盤生物會在海洋之中大量產卵，是一種可以飄在空中的水母狀生物，它能夠製造氫氣，隨著冰面上的季風飄浮，用有麻醉效果的觸鬚包裹，抓住任何它能碰到的生命。

超越冰上障礙

這張概念草圖呈現了半埋在冰裡的生物，它們擁有通往水下關卡的鑰匙。你的主要任務是解救他們，並讓他們幫助你解除冰上障礙，順利前往冰層和岩石築成的堡壘。石柱和堡壘之間的通道凶險異常，布滿了薄冰，而且海洋捕食者隨時都準備衝出來吞噬掉粗心的人物。不過與Hormed Mudwort生物結盟，會幫助你安全地透過關卡。

▲▶ 冰雪皇后

你的最終敵人是冰雪皇后,當然你必須足夠幸運地先擊敗Marasaur角色和Ice Smasher角色。本設計使用了深紫色,與整個冰封世界的顏色一致。同時它們還使用了代表皇家的顏色,可以提升冰雪皇后高貴的身份,顯示出她能夠統治所有生命,當然也包括你在內。

◀ Marasaur角色

在這個設計中,Marasaur角色被塑造成類似鯊魚的生物。它的主要捕食對象是Horned Mudwort生物,當然凡是闖入它領地的生物,都會被它消滅掉。這種生物的天敵就是Ice Smasher,因為它們會在冰上到處追捕Marasaur,然後打碎上面的冰層,用斧頭猛砍獵物。

▲ Horned Mudwort生物

如果Horned Mudwort生物的兩大主要目標,就是食物和自我保護的話,角色的設計就必須能夠反映出這個特徵。它頭頂上長出的兩顆長牙,既實用又孔武有力。

▲ Ice Smasher角色

Ice Smasher角色可能是穴居生物,它的背後擁有喇叭狀的粗刺和棒子型的尾巴,這些既可以用來自衛,也可以用來打碎堅冰,以捕食Marasaur。它還可以和Horned Mudwort生物結盟一起追捕Marasaur,因為這兩個角色來自同一個家族。

武器和道具

為了應付冰封的挑戰,這個奇幻世界的多數兵器,都屬於長矛和斧頭的衍生設計。

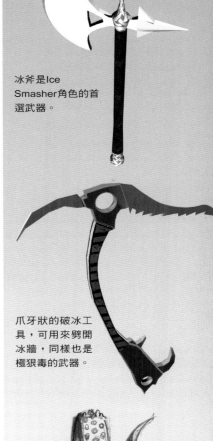

冰斧是Ice Smasher角色的首選武器。

爪牙狀的破冰工具,可用來劈開冰牆,同樣也是極狠毒的武器。

巨大冰雪年輪的陀螺狀發動機,能維持它的平衡狀態。駕駛員在輪軸部位操控,屬於另一種冰封世界裡的古老技術。

簡圖3：這是一款動作冒險類遊戲，玩家使用學到的能力去戰勝挑戰。

環境：這是一個巨大而被水淹沒的星球。你是眾多流浪航海家的一員。你必須與海洋生物進行交易，並避免如一座城市大小的水母漂到水上，鑽入珊瑚礁石形成群落。水中共有八個關卡的挑戰。你必須找到通往最古老珊瑚城堡核心部位的密室，並取回遺失的水母魔法書，就能夠按照自己的意願控制這些巨怪。

角色：統治這個星球的生物是水母。當水母老去的時候，它們就會永遠停靠在某地，喪失了自己的觸鬚，最後變成其他生物的家園，其中也包括Horned Krakenoid水怪。它是一種身體下部長滿觸角，且具有人類容貌和軀幹的神祕生物。他還擁有冷峻的臉龐，兩只呈鸚鵡螺狀的山羊犄角長在頭頂。它居住在水母塔下纏結的珊瑚根部，在那裡它會用貝殼斧頭，獵捕巨大的神殿蟹堡王(The Temple Krabs)，它因為神殿蟹堡王寄生在珊瑚群而得名，代表珊瑚塔的主要生命。他們用自己酸性的唾液和爪子，精心製造出了內腔結構。這裡最小的生命群體就是你們——流浪的人類。

▶ 小水母

水母的幼蟲期主要生活在世界上部的大氣層中，以及營養物質豐富的塔狀雲霧層中，以捕食齊柏林硬式飛艇大小的幼蟲為生。而這些營養物質也許會促進水母觸鬚的生長，因此在這幅小水母的快速草圖中，它的觸鬚還很稀疏，只是後來才長得如此巨大，並沉入水底捕食你的船隻。

▼ 幼年水怪

想像一個角色如何在遊戲中成長。在這幅設計圖中，幼年的Horned krakenoid水怪，還沒有長出額外的兩條觸角和軀幹上濃密的毛髮。

▲ 成年Krakenoid水怪

成年雄性Krakenoid水怪正揮舞著獵殺蟹堡王的斧子。它可以在水上生活一個月，在水母塔內部捕殺神殿蟹堡王。思考一下雌性Krakenoid水怪與雄性有何不同。

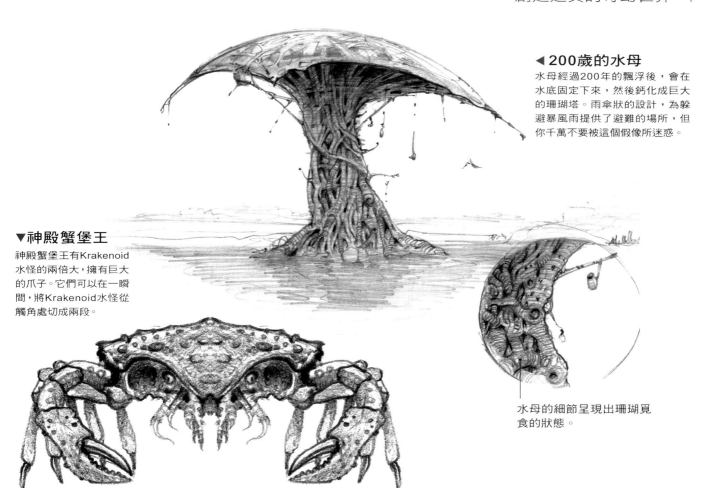

◄200歲的水母

水母經過200年的飄浮後，會在水底固定下來，然後鈣化成巨大的珊瑚塔。雨傘狀的設計，為躲避暴風雨提供了避難的場所，但你千萬不要被這個假像所迷惑。

▼神殿蟹堡王

神殿蟹堡王有Krakenoid水怪的兩倍大，擁有巨大的爪子。它們可以在一瞬間，將Krakenoid水怪從觸角處切成兩段。

水母的細節呈現出珊瑚覓食的狀態。

航行中的水母

在遊戲的這個部分，為躲避三只水母的攻擊，設計師想像著流浪的帆船，正在水面上乘風破浪，否則水母的觸鬚會把帆船和船員，拉到如城市大小的內腔中，並用幾十年的時間慢慢消化。你的挑戰就是控制帆船，安全的駛過危險的海域。

簡圖4：毀滅女神(GODDESS OF ANNIHILATION)

這款動作遊戲包含有毒爬行動物10英呎翼展的吸血蝙蝠，以及食人的生物陷阱，展現出一個弱肉強食的世界。玩家需要使用全部生存技巧，在尋寶之旅中發現藏匿的儀器和密室。

環境：遊戲場景設定在叢林密布的星球上，火山還冒著煙。九個關卡的挑戰指引你走向最後的目標：藏匿在火山神廟中的黃金毀滅女神像。在探險過程中，危險無處不在。

角色：所有人類在叢林中建造的廟宇和建築早已消失殆盡，只留下他們的後代——衍生出的畸形生物，如吸血蝙蝠，能夠一口吸光一個人所有的血；還有雙尾Quetzal Serpent 生物，它守衛著聖池，巨大的下巴能夠吞掉一匹馬。

▼ 九頭蛇怪

九頭蛇怪長有分泌毒液的頭顱，還配有鋒利的尖刀。

▶ 聖池

概念原畫設計師會同關卡設計師合作，一起規劃遊戲環境中的互動區域。在這個遊戲的設計中，設計師將聖池的入口，設定在Quetzal Serpent生物和雕像謎語（右邊）的下方。遠處的火山煙示意玩家：你所尋找的黃金雕像藏匿在洞穴的最深處。吸血蝙蝠開始他們黃昏的覓食，捕獲那些警惕性不高的獵物。為接近偉大的雕像，你首先必須解開聖池的雕像人物謎語，回答正確後，才能為你開啟洞穴深處通往火山廟宇的入口。

雕像人物

這款遊戲的重點是身體技巧和格鬥能力，此外還有聰明才智。這個雕像潛藏的謎語，是你成功通關的鑰匙。

這尊冷酷的骨肉之神，提供了開啟聖池內部水下密室的鑰匙。從正面你可以看見祭祀平臺，受害者也被捆綁在此。

從這尊雕像的背面，可以看見人類的頭蓋骨，他的眼窩就是鑰匙孔，這裡就是轉動Quetzal雕像，並打開密室的機關。

側面所呈現的銘文和字謎，能幫助你解開聖池的祕密。

毀滅女神是一尊10米高的黃金雕像，藏匿在火山口下的某處。九頭蛇怪膜拜並守衛著女神，同時還以入侵者的肉體祭祀牠。

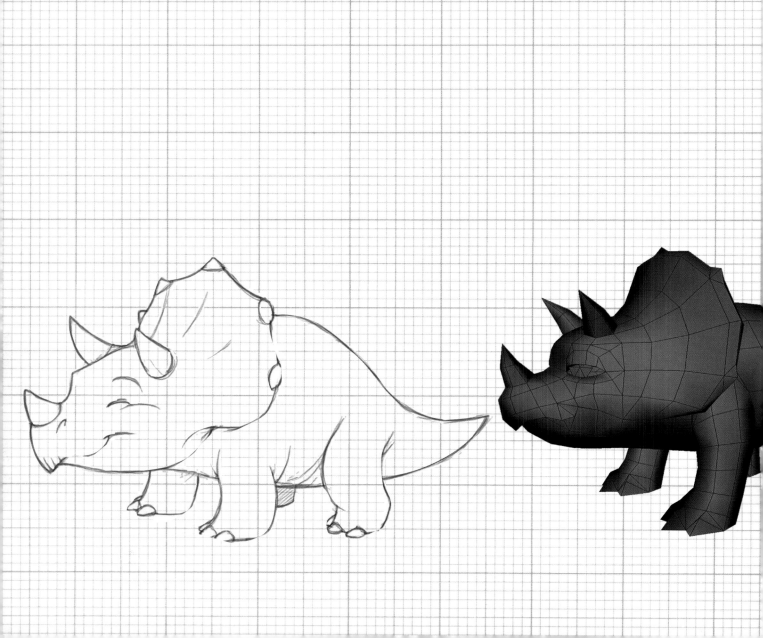

02 超越2D概念藝術

如果你創作的概念獲得認可,那麼你的設計
將成為技藝精湛的模型師,以及動畫設計團
隊的重要參考和靈感來源。他們將會完全根
據你的原畫,使用3D建模和材質製作的技
術,創作遊戲的角色及情境。每家公司的遊
戲設計與研發過程各有差異,本章將為你簡
要介紹其中的關鍵過程。

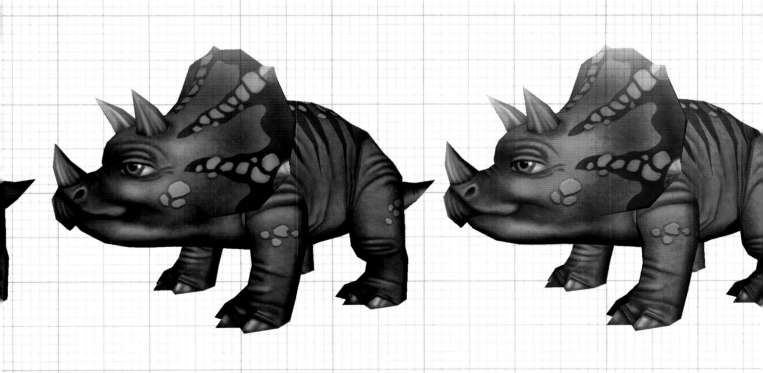

關卡設計

"關卡設計"指遊戲各個獨立單元的設計，它是在確認遊戲主要概念、決定遊戲關鍵技術後進行。

電玩遊戲被分為不同部分或者不同層面，正如圖書和電影被分為不同章節和場景一樣。關卡設計師會為遊戲設計師或者環境設計師提供網格實體，作為對遊戲概念設計的基本指導。你的任務是使用這些網格，將多邊形模型分層，為環境設計師和關卡設計師，提供完全符合該種遊戲設計概念的互動區和路徑限制。

重要提示

在設計遊戲關卡時，有些因素必須考慮。如果你是在建立智慧財產權的基礎上設計，那麼可能需要考慮更多的規範原則。.

■ **獎勵：**在玩遊戲的時候，玩家潛意識中會期待獲得獎勵。獎勵可能是技能水準的提升，也可能是獲得遊戲中的物品，或是發現遊戲的秘密，或者僅是順利完成有難度任務的滿足感。

繪製剖面圖

繪製關卡設計師設計的網格模型剖面圖，是一個很好的開始。理論上，模型師在創作角色網格模型前，就應該獲得相對應的設計。現在是做出最終形象的時候了。思索遊戲環境可能是什麼樣，溫度如何，材質可能是什麼。此階段會為你提供完整的遊戲環境概述，這樣你就可開始設計各種挑戰、風險、可能獲得的獎勵，或者道路的指引。

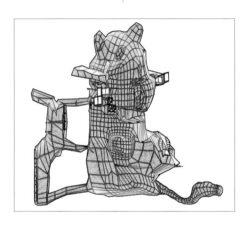

關卡設計師設計的角色網格模型。

步驟1
網格模型的彩現(rendering)可以為關卡角色提供材質感及層次感。在這一步驟中，應添加岩石的細節，著重突出其輪廓和裂縫。

步驟2
在Photoshop軟體中創立圖層，使用39%綠色鏡，並保存在單獨的圖層中。另一個包含陰影的圖層，使用是45%綠色濾鏡。

步驟3
添加細節，建立新的圖層，使用多邊形套索工具來塑造柱狀光束。使用灰白色漸變填充（前景為透明色）以顯現光照效果。對帶有材質的岩石圖像，進行剪切和粘貼，形成凹凸部分。

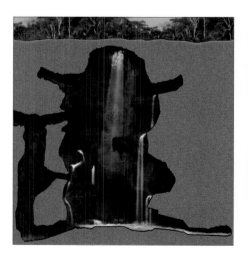

步驟4
添加瀑布和水流效果，以增加遊戲難度並營造緊張氣氛。

■ **風險**：獎勵應該和風險互為搭配。如果玩家成功跨越了佈滿機器食人魚的熔岩湖，就應該獲得一些有價值的獎勵，否則他們可能會感覺這遊戲既難又無趣。

■ **難度的增加**：玩家喜歡從簡單的任務開始，逐步練習和體驗之後，會更樂意接受難度更高的任務。

■ **興趣**：這關係到如何維持玩家對遊戲的參與度。不過一項遊戲通常包含很多遊戲技巧，並且也只能擁有特定數量的對手或任務。

▲ 這是洞穴的入口，此處應該設置簡單的任務，因為這可能是眾多級別中的第一級關卡。在更高的級別中，使用相同的遊戲規則，可以使玩家透過最小的風險熟悉遊戲。

隱性互動關卡

玩家需要互動、需要尋找線索和獎勵、需要面對隱藏在暗處的危險、需要選擇正確的道路。而你需要透過情況講述一個故事，並在網格模型上繪製出來。不同的選擇能夠使遊戲更加富有趣味性。以下會詳細講述其內容。

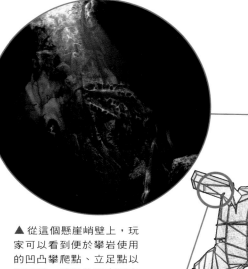

▲ 從這個懸崖峭壁上，玩家可以看到便於攀岩使用的凹凸攀爬點、立足點以及凹壁。強烈的光束照亮了隱藏在深處的道路，但也增加其危險性。

▲ 照亮蜘蛛洞並將光束聚焦在入口，是一種引導玩家繼續前進的視覺方法。因為轉移視覺注意力，可以指引玩家最終找到目的地，無論過程有多危險。

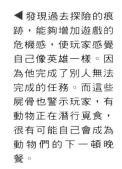

◀ 發現過去探險的痕跡，能夠增加遊戲的危機感，使玩家感覺自己像英雄一樣。因為他完成了別人無法完成的任務。而這些屍骨也警示玩家，有動物正在潛行覓食，很有可能自己會成為動物們的下一頓晚餐。

◀ 遊戲玩家玩得越入迷，就會越期望得到更好的獎勵。這裡住著該區最兇猛的動物—"魔王"，因為打敗它就意味著你完成該區遊戲的重要關卡。

數位建模

你的角色設計已經完成，並獲得藝術總監的肯定，而且你也已經準備好精確的設計說明，詳細介紹該從哪一部分，開始創建角色模型。那麼接下來該怎麼做呢？

創建數位模型

專業軟體非常昂貴，而且也比較難操作，所以一般來說概念設計師不需要使用它。數位模型師會負責角色的數位模型設計，而不是你自己。不過有些價格合理，容易操作的軟體，可以讓你領略這種驚人的轉化過程，比如Autodesk的3ds Max軟體（詳細內容參見第115頁）。

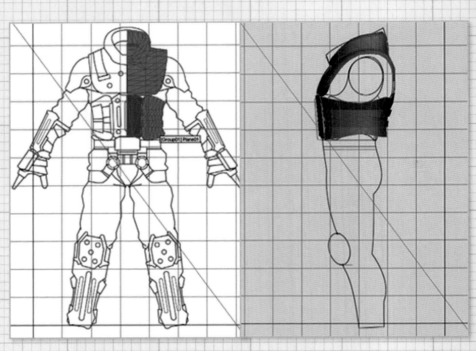

步驟1：建立兩個平面 ▶

在正確的角度上設立兩個平面，將2D圖像作為結構參考圖，放置於這兩個平面上。造型結構會根據人物進行合理調整。使用這些參考圖，模型師就可以開始對這些圖像進行建模。透過直接從前面或者側面觀察，模型師可以看到結構曲線的變化，開始繪製合適的幾何圖形。

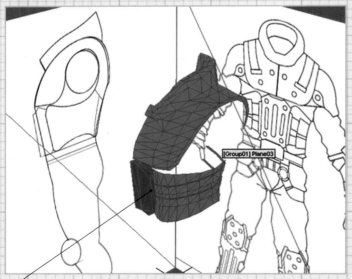

身體外形
第一步驟的身體部分，是根據獨立的多邊形（Polygon）建模開始，以便確定正確的身體結構。

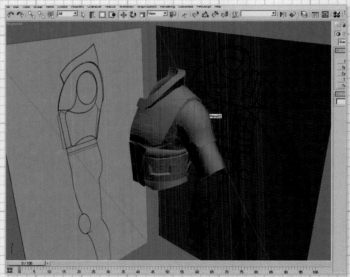

▲步驟2：移動節點

模型師會先檢視正面，再觀察側面來進行塑型。此方法從平面開始建模，而其他方法則是從模型的立方體、圓筒和拉伸面開始建模。所有方法的原理都是一樣的，那就是移動節點以保持與參考圖一致。這部分的建模非常費時費力，因為模型師必須不斷轉換角度，不斷檢查模型是否正確，直到滿意為止。

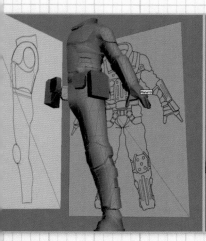

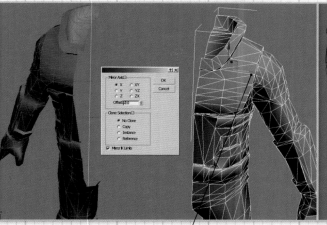

▲步驟3：建造一半的模型

如果角色屬於人類的體型，則可採用先建構一半的模型，經過複製與翻轉之後，結合為完整的模型。這樣還可以確保模型的左右部分沒有差別，以免使其看上去不對稱。

多邊形建模檢查
透過觀察多邊形建模的邊緣，可以讓模型師檢查數位模型結構是否精確。

塑造身體
塑造好半個模型後，然後複製、翻轉、黏貼，並與之前的一半身體構成整個身體。

頭部怎麼辦？
該模型可以選擇多種不同的頭部結構，以便增加角色的數量，而不是依據每一個身體，塑造一個新的身體結構圖。頭部造型所需的細節程度更高。

靜止模型
這時雖然身體是完整的，但是依然是靜態的軀體，而且還沒進行任何裝扮。

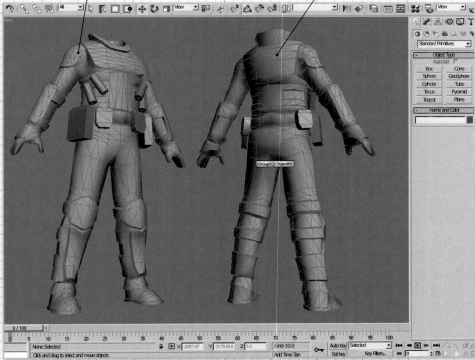

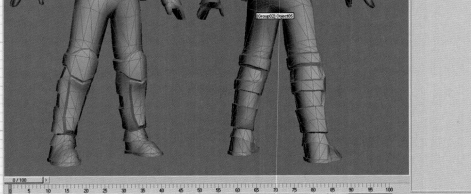

▲步驟4：完成身體模型的塑造

身體的模型塑造完成了。因為這是一個遊戲的主要人物，而且經常會與玩家遭遇，所以它有較細緻的多邊形造形。這意味著該模型會更加複雜。在這種情況下，模型師必須單獨塑造頭部，並格外注意網格形狀的正確性。

最終概念設計
在設計組合確定最終版本之前，你需要完成許多不同風格的人物速寫。

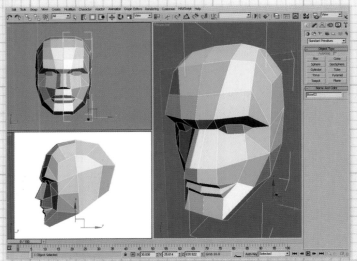
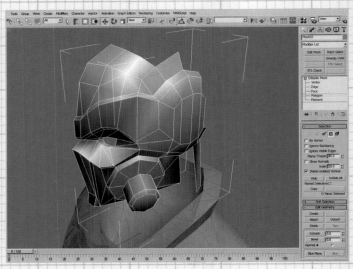

▲步驟5：塑造頭部

模型師首先利用不同於身體的塑造技術，建構一個類似真人大小的虛擬頭部（之後會被刪掉）。它被用來作為頭盔的參考。模型師會先塑造半個頭盔模型，然後花時間確定此模型，是否維持設計師的最初想像。

▲步驟6：頸部確認

在建構頸部時，必須隨時確認頭部與身體之間的相關性，好讓頭部能與軀幹密切對合。

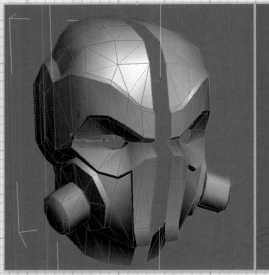
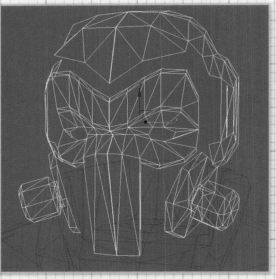

◀步驟7：鏡射處理

與身體部分一樣，首先構建半個頭部結構，然後複製、鏡射處理成完整的頭部模型。你必須仔細檢查模型網格的品質，確保其毫無偏差。

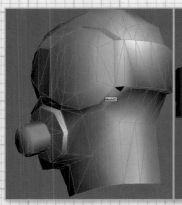
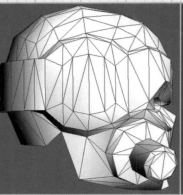
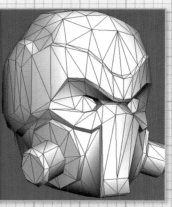

◀步驟8：多邊形數目

頭部需要比身體部分更高密度的網格，因為角色的臉部結構十分重要。

背面圖
完成模型背面的細節時，必須與正面的細節互相銜接。

▲▶ 步驟9：完成模型建構

一旦製作完成半個頭部的模型，就將其鏡射、連接，形成完整的頭部結構，然後與頸部的節點連接，最後再統一和身體的節點相連，整個身體模型就完成了。有一個非常重要的關鍵，必須特別注意：這個模型是和角色的衣服一起塑造的，不能先塑造人體結構，然後添加衣服。這是為了避免繪製不必要且又看不到的多邊形，比如夾克內層。多餘的多邊形，可用於表現外部細節。

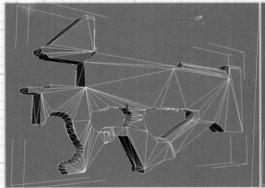
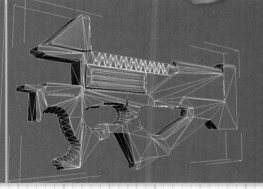
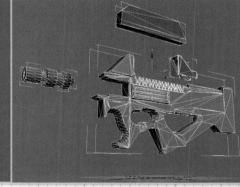

▲ 步驟10：道具

遊戲角色有件道具──槍，也必須建模並同樣重視細節。請參考多邊形模型和設計師的草圖，來塑造衣服。製作額外的裝飾效果不是角色的一部分，只有在高水準動畫表現衣服或頭髮的折痕時，才需要進行製作。

有些情況下，遊戲中的衣服可能會單獨進行塑造。例如：可以自然移動的斗篷，也可能會依據獨立於角色的物品進行塑造，但這通常只適用於主要的角色。

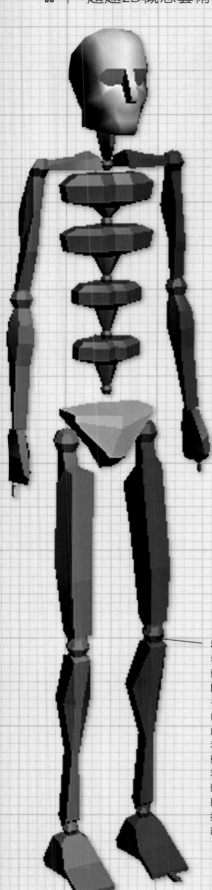

角色的操控

完成的角色模型只是一個像雕塑般的固定造形,不能像遊戲要求的那樣移動。為使其產生動態,必須在模型內部放置"骨骼",該骨骼就像人體骨架那樣,可以使模型移動。這個過程通常被稱之為"操控"。在人體模型製作的套裝軟體中,通常會包含骨骼建構及操控的功能,設計師能夠自由調控骨架的結構,創作出符合遊戲需求的人物角色。

移動

看看你的手臂——手腕(關節)、前臂(骨頭)、肘部(關節)、上臂(骨頭)和肩部(關節),一共有兩根骨頭三個關節。你的手臂只能透過特定的方式移動,它們不能向各個方向轉動,其運動方向是有限制的。如果你想要把手舉過頭頂,所有骨頭和關節都會隨之運動。這解釋了反向運動學是如何作用的。骨架的操控是由骨頭和關節組成的(使用模擬骨骼)。每根骨頭都由一個關節連接,而且它們都有著不同程度的移動相關性。通常設置額外的控制把柄,會方便動畫師選擇、移動身體部分,你可以將其視為虛擬的木偶。

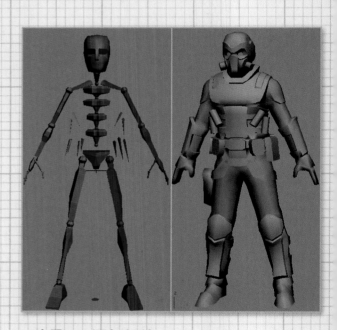

▲ 步驟11:添加組件

要操控人體模型,首先要插入骨骼。骨骼可以是來自建程式的,也可以是採取常規建構。它被放置於模型裡面,只有在建模程式中才可以看到。下一步驟應將模型網格的相關部分,連接到裝備組件上,這可以控制當某一骨頭或者關節移動時,模型應該以同樣的方式移動。因此,如果你將角色的手舉過頭頂,手臂的其它部分也應該隨之移動,就像人的手臂那樣。(左圖)裝備必須放置在完成的角色模型(的右部分)中,這樣角色才能靈活運動。

▶ 步驟12：**建立寫實的關節**

如果你再次觀察自己的手臂，會注意到在彎曲活動時關節時，此處的皮膚也會彎曲，以適應肘關節的變化。當建立一個遊戲人物角色時，你必須特別注意關節在模型上的位置，以及它們的造型，這樣關節才可以自然彎曲。人體模型的建構沒有捷徑，只有勤學苦練和累積經驗，才是掌握並熟練建立真實骨骼的唯一途徑。

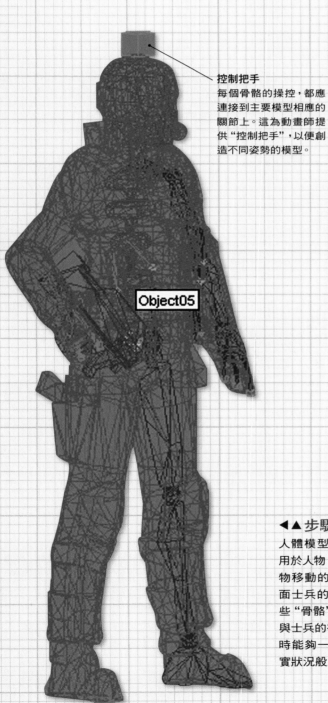

Object05

控制把手
每個骨骼的操控，都應連接到主要模型相應的關節上。這為動畫師提供"控制把手"，以便創造不同姿勢的模型。

裝飾細節
這個腰包的裝飾細節，應與主模型一致。

◀▲ 步驟13：**角色整體造型**

人體模型的建構與調整，不僅要適用於人物，還必須適用於所有隨著人物移動的物體。你或許注意到在前面士兵的裝備插圖中，腰部區域有些"骨骼"，它們用於將腰包和裝備與士兵的襯衫相連，以便在士兵移動時能夠一起移動，也能使它們像現實狀況般晃動。

3D表面質感

材質被置於多邊形網格表面，使模型呈現寫實的樣貌。在實際狀況中，模型會轉化到螢幕上。因此在遊戲中，材質應該儘量簡單，使遊戲盡可能運行得快速且流暢。

使模型看起來真實的秘訣，就在於材質的運用。在處理過程中，使用豐富的材質和簡單的模型幾何圖更加有效。我們的眼睛容易被欺騙，認為模型的深度和表面的細節，會比實際中看到的要多。純熟的表面材質製作，是遊戲模型中創造真實感的關鍵。

什麼是表面質感？

在遊戲術語中，材質貼圖指的是表現表面的2D數位圖像。當使用材質圖像貼圖的時候，它會被包覆在模型外部，使模型看起來具有該種材料的質感。

材質的格式是什麼？

一般來講，材質是在影像處理軟體中製作的，比如Adobe Photoshop軟體。當操作時，材質通常會包含大量的資訊和圖層，之後被存為Photoshop檔（.psd）。當材質貼圖操作結束時，它將會被合併成為一個圖層，保存為jpeg格式（.jpg）或者bitmap格式（.bmp）。大多數情況下，材質也經常被保存為targa檔（.tga）或者tiff（.tif）檔案格式。因為這些檔案格式包含Alpha色版。Alpha色版也會用於表現其他材質效果。

▶ 收集材質

表面材質就在你周圍，可以使用圖片或者草圖以及將有趣或者罕見的材質收集成冊。它們可能正是你要尋找的、可以用來增加奇幻情境真實性的材質。

材質彩現(rendering)

材質在遊戲的彩現階段會應用於物體上。針對不同的過場動畫，物體既可以選擇高速彩現、即時遊戲引擎彩現，或者預先彩現。以下步驟展示了武器從其概念草圖，到最後彩現後外觀的發展過程。

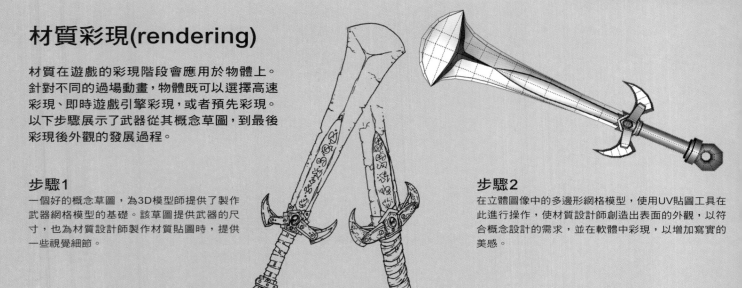

步驟1

一個好的概念草圖，為3D模型師提供了製作武器網格模型的基礎。該草圖提供武器的尺寸，也為材質設計師製作材質貼圖時，提供一些視覺細節。

步驟2

在立體圖像中的多邊形網格模型，使用UV貼圖工具在此進行操作，使材質設計師創造出表面的外觀，以符合概念設計的需求，並在軟體中彩現，以增加寫實的美感。

材質來自哪裡？

材質可以透過數位影像軟體繪製，也可以取自圖片中的真實材質。材質貼圖上很重要的一點是，它必須和本身或者和其他另一種材質完全融合，不能出現兩個材質之間的接縫影像。這點對於來自圖片的自然材質來說非常困難。通常必須使用影像編輯軟體（比如Photoshop軟體）花大量時間處理，以製作無縫拼接的表面材質。

手工繪製的材質

大部分的影像處理軟體都可以繪製材質。一旦確定材質的大小，質感設計師就可以使用各種數位繪圖工具繪製材質。這種質感設計師必須具有很高的水準，才能繪製出非常逼真的材質（如果需要加入真實的外觀）。這種方式繪製的材質，通常用於無生命物體或者想像中的物體。因為在現實中沒有實物作為依據，因此較難呈現寫實的材質感。

圖片材質

使用數位相機從現實中拍攝材質較為簡單。這點在呈現實際建築物，或者人物的時候尤其有用。透過照相獲取材質時，很重要的一點，是應該以垂直角度拍攝，鏡頭不能歪斜，否則當編輯影像時，它就會看上去傾斜或者膨脹。在獲得到合適的影像後，下一步就是如何使其完全密合。

程式材質

程式材質指的是那些透過電腦軟體產生的材質。這些材質看上去很自然，但是它們完全是由電腦產生的，適合做出非常細緻的、無接縫的物體外觀，比如木頭、金屬、毛皮材質等。這些材質外觀的真實性存在著爭議，雖然它們看上去很真實，但是往往我們還是會感覺有些地方不太自然。毫無疑問，隨著技術的進步，程式材質的外觀會愈來愈真實。

材質的尺寸

根據處理工具的不同，材質影像的尺寸也會不同。通常材質是由一些正方形或者規則形狀組成的，以方便拼接。材質影像的尺寸通常是以平方為單位，必須是2的倍數，比如32、64、128、256，或者512像素的正方形。跟3D模型中的多邊形數一樣，材質的尺寸也必須花時間處理。圖像越大，需要的處理時間就越多。如果你考慮在一個典型遊戲的場景中呈現數個角色、建築和其他物體，那麼這就意味著必需更多的處理時間。材質的大小依據角色模型的不同，而各有差異——通常一個主要角色可能需要分配512×512像素解析度的材質，頭部或者一個突出特徵，可能還需要256像素解析度的材質。材質設計師通常在受關注的部位，比如角色的臉部，設置額外的解析度。新一代工作站和個人電腦會支援更高解析度的影像處理，能夠呈現高解析度圖像。這意味著未來的遊戲中，不僅可以有更多的材質，還可以有更大尺寸的材質。

步驟3
這個繪製的圖像展示UV貼圖，呈現武器材質不同部分的各種細節。例如：步驟2中所繪的武器尖端突出的深色，及刀稜部位的細節材質感。

步驟4
rendering彩現後的武器顯示出透過材質貼圖的過程，產生的很漂亮的無縫效果，以及武器在遊戲環境中所呈現的美感。

貼圖

一旦材質製作完畢，就可以將其置於模型網格上，這被稱為"貼圖"。將材質置於模型表面，可以使其外觀的細節更加豐富，而不增加基本模型多邊形的複雜性。如果物體本身很簡單，只是由一個部分組成，那麼材質繪製也會非常簡單。但在現實中，設計師們通常需要處理極為複雜的形狀，可能需要在模型表面放置許多材質，以達到理想效果。因此，他們採用了被稱之為"UV貼圖"的過程，其全名為"UVW貼圖"（也通常簡稱為"UV貼圖"），在UVW貼圖中，UVW指的是材質座標，就像XYZ一樣（但它們現在也用來指模型空間）。UV貼圖是一個平面圖像，它的點和模型表面的點相連。圖像產生後，UV貼圖可以使模型擁有真實的材質外觀。

ALPHA色版

在簡單表面效果之外，材質還可以增加其他的視覺效果。除了紅、藍和線之外，還可以使用第四種色版——Alpha色版，使模型的某些部分透明，產生類似窗戶或者透明物體的效果。Alpha色版還可以增加反射表現，以顯示物體是否有光澤度。

凹凸貼圖

凹凸貼圖指的是灰度材質圖像。當影像rendering後，可以使用凹凸貼圖以使亮的區域更亮，暗的區域更暗。這可以增加物體的3D外觀，而無須繪製更多的幾何網格。

法線貼圖

法線貼圖的處理方式和凹凸貼圖類似，但它是運用顏色（紅、綠和藍，如在顯示器中使用的那樣）產生材質效果。法線貼圖非常有效，因為高解析度（高多邊形數）模型的法線貼圖，能夠用於低解析度（低多邊形數）模型。法線貼圖廣泛用於目前的遊戲設計，因為它能產生非常優異的擬真效果，降低電腦運算處理的需求。

置換貼圖

置換貼圖一般使用灰色影像作為資訊色版，但是這種方式中，來自影像色調的數據資料，實際上是被用來移動模型頂點，以創造出材質效果。

頂點及像素著色器

這些方面的材質塑造和塑型，對於遊戲的視覺效果非常關鍵。著色器會影響到模型表面的最終外觀表現，比如光線反射量，光線如何散開，材質、折射、陰影和其他方面的效果。頂點著色器作用於模型網格的頂點，而像素著色器作用於圖像中單個像素的顏色。

拼接表面材質

在這次練習中，你將會製作一個普通的表面材質，並進行無縫拼接處理。首先，拍一張標準的石牆照片（比如自己家的院牆）。注意：必須以與物體垂直的角度拍攝。

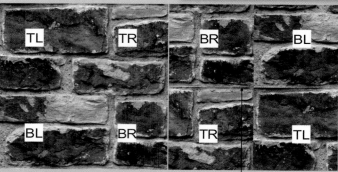

▲ **步驟1**
在影像處理軟體中（本範例使用Adobe Photoshop軟體）打開影像，然後選擇大概512像素的正方形。注意要選擇沒有明顯特徵的區域。檢查你所選擇的影像邊緣在哪裡，然後盡量沿著水泥線的方向，判斷材質拼接走向。從影像的中間部分開始選擇，因為圖像的邊緣，可能會由於相機鏡頭取景的原因，而產生一些變形。

▲ **步驟2**
精確選取512像素的正方形影像，對其進行修剪以確保水泥線水平狀態。

▲ **步驟3**
這一步驟是個小窮門。在Photoshop軟體中，有一個被稱為"畫面錯位"的濾鏡。濾鏡可以將影像分為四部分，並將各部分調換。首先設定濾鏡，調換各個部分，留取影像的一半——256像素。當拼接時，影像的邊緣就和相鄰影像的對應邊沿吻合了。

現在能夠看到材質的連接處。因此必須以精確的數位繪圖，來消除這些連接縫隙。

未來發展

隨著個人電腦速度、處理能力以及控制台的發展，建立模型和材質塑造肯定會有許多新發展。頂點及像素著色器是許多遊戲引擎的特點，可以透過材質塑造技術，創造許多特殊的視覺效果。megatexture技術就是一種這樣的發展。megatexture是由Id Software公司開發的，被用來呈現大型環境（比如室外），無須在景觀中複製及貼上材質以形成可視圖案。megatexture可以達到32000×32000像素的正方形（十億像素），透過只運用一個材質，就能覆蓋整個景觀的多邊形網格。它可以在非常大的區域內，產生獨特、細緻且不重複的地形。megatexture的數據資料，還可以有效地包含地形資訊，例如環境聲效和物理特性。因此，和目前使用拼接材質的技術相比，這種技術能夠提供更好、更精細的畫面。

最新處理工具的原生技術，可以使用更大的拼接材質，並以高畫質影像的解析度將其輸出。技術上的增強，可以支援更多的多邊形模型，呈現更多的表面細節和材質效果，顯示更豐富、更優質的影像。材質設計師的任務是繼續開發新技術，在視覺上提供更真實可信的情境。

雙向思考

材質設計師會在2DUV構圖中，逐步設計出材質效果，但是他們必須首先理解在3D空間中，建構裝備模型的突起和凹陷。在2D展開時考慮3D空間，以及3D展開時，考慮2D空間是非常重要的技巧。

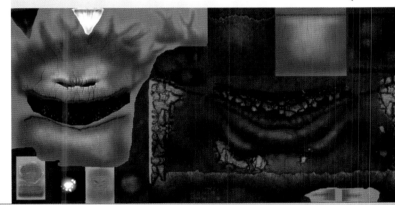

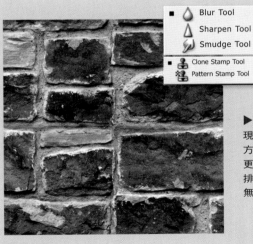

▲ 步驟4

現在影像中間有必須要移除的可見接縫，這必須從影像的其他部分選取類似的區域，然後沿著縫隙進行覆蓋。在Photoshop軟體中，使用印章工具可以從其它區域選取影像，覆蓋到縫隙上，以隱藏縫隙。模糊和指尖工具也非常有用。

▶ 步驟5

現在你已經完成了一個512像素正方形的無縫磚牆。如果你新建一個更大的畫布，把材質的四個影像並排放在一起，那麼它們就能夠形成無縫拼貼圖。

複雜性幻覺

右頁下面的圖片顯示一個逼真的、複雜的、燈光效果特別棒的倉庫內部結構。這是遊戲中發生動態情況的絕好場景，細節和環境都十分寫實，每個表面都呈現本身獨特的質感。

將這張圖與本頁下面的同一內部結構的平塗圖片比較，內部有光線效果，但是牆面和箱子都只是光滑的簡單多邊形。多邊形使用單純的灰色色調，沒有的材質表現。觀察本頁右側的正方形材質，你會在右頁彩圖中找到這些單獨的材質圖片。材質的細節能夠讓人更加感受到表面材質的複雜性。透過將細節置於彩色材質中，我們能夠減少製作場景的時間，並突顯多邊形的複雜性。有些材質能夠拼合，或者在表面重複運用，以節省更多記憶體。

▼ 準備材質處理

可以使用右邊的一些材質樣本，對尚未彩現的內部結構，進行表面質感處理。

▼ 低解析度材質

螢幕材質屬於低解析度材質——72像素，和顯示器或者電視螢幕一樣。若用印表機列印時，它們看上去會非常平淡無奇。但是在遊戲中應用此材質時，便會產生非常逼真的效果。

房梁和屋頂

牆面

地面

細節

貨物

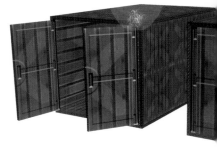

▲ 材質網格貼圖

貨櫃樣式的材質，常被運用在圖中類似貨櫃的箱形物件之上。

▶▼ **完成彩現場景**
這個經過rendering後的場景，說
明該如何使用非常簡單的材質，製
作出非常符合遊戲環境，且看上去
又非常複雜的內部結構。

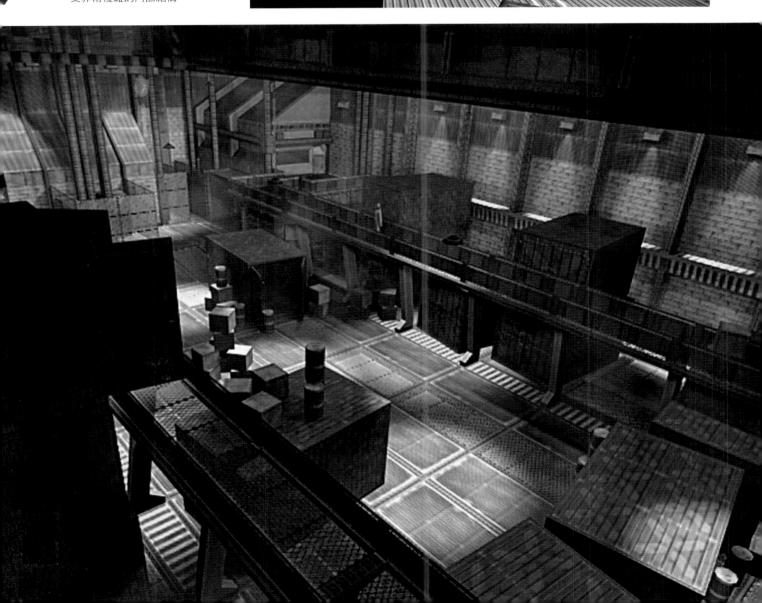

03 整合與運用

現在將你所學到的所有技能加以綜合運用。此一獨特的"幕後"分析，由Sony Online Entertainment公司的專家喬·舒帕克所提出。他將一個眾所周知的，且受到大家喜愛的虛構人物，從創始階段的模糊影像，演變為清晰鮮明的角色。

從概念到數位模型

這款奇幻類遊戲——《無盡的任務 II》，包含了一些不可思議的角色，等待
遊戲玩家去挑戰。每一個角色都是由多名設計師構思創造，並從原始的概
念，發展為遊戲的最終模型。在這一過程中，傳統藝術技巧、3D建模、材質
貼圖、道具設計和動畫製作，是使這些角色煥發活力的關鍵技巧。

這個獨特的頸部
和臉部設計，被
合併為"惡魔"
特厄的最終形
象。

遊戲角色透過臉
部表情來彰顯性
格，所以頭部形
態的速寫草圖是
必要的參考資
料。

這個簡單的草稿描繪出特厄的大概
姿態，進而可以針對這個角色"惡
魔"特厄的細節特點進行描繪。

第一階段：角色概念化

所有內容都是從遊戲設計師的描述開
始。設計師的描述界定了人物的一些基
本特徵，但也會給其他設計師留下創作
的空間。概念設計師和遊戲設計師共
同致力於設計工作，直到形成的概念，
能滿足遊戲設計師要求的功能，以及概
念設計師的想像力。以下為概念設計師
對創作的人物勒恩‧特厄（Roehn
Theer）的設計描述。上帝的守衛勒恩‧
特厄受命在無盡的任務中，維護正義和
邪惡力量的平衡。他應該是一個身軀
龐大令人懼怕，而且長著翅膀的角色。
他可以在陸地、天空，甚至在狹窄空隙
中施展魔法技能。他使用兩把威力無
比的劍，以邪惡或正義的不同形式出
現。

◀持續描繪草圖

概念設計師會迅速探索出角色造型的
可能性，並與設計師和藝術總監討
論。在初步討論中，我們認定特厄應
該和蜥蜴類似，所以概念設計師嘗試
創造出幾種形象。這隻德克薩斯長角
的蜥蜴，為創作其臉部細節帶來靈
感，同時我們認為兩條腿的姿勢代表
智慧。

第二階段：概念定型

在結束原始概念設計的階段，設計師已完成對角色構成、臉部表情以及本書其他概念化的部分探索，概念設計師會開始創作角色的進化版本，模型師和材質設計師也會把此版本，當作創作遊戲的依據。

概念一：邪惡的特厄

一旦設計師、藝術總監和首席設計師討論，並決定繪圖的基本概念，設計師便會開始創作特厄這個角色。設計師喜歡從邪惡的角色開始著手，然後修改某些細節，再創作出另一個正義版本的角色。

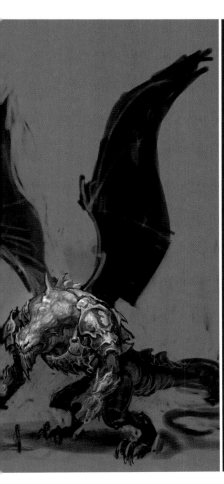

步驟1

在Photoshop軟體中使用數位板（直接在螢幕上使用感壓筆畫圖），創作設計師可以確定邪惡版本特厄的最終造型。設計師從灰色影像開始創作，過早使用顏色會干擾明暗分布的正確性。

步驟2

現在他創作了一個進化的版本，使用光影效果有助於表達角色的感情。在這種情況下，設計師展示了角色從黑暗走向光明，同時又帶有一份"沉重"感的狀態。角色龐大的上半身，令人心生畏懼。

步驟3

現在製作最終的彩色版本。參照左邊的色調樣本，使設計師控制顏色在所需的範圍內。最後添加細節和強調的亮部，並在前景中添加一些人物，以增強3D場景的立體感。

概念二：正義版特厄

第一個概念完成後，設計師開始創作正義版本的角色。

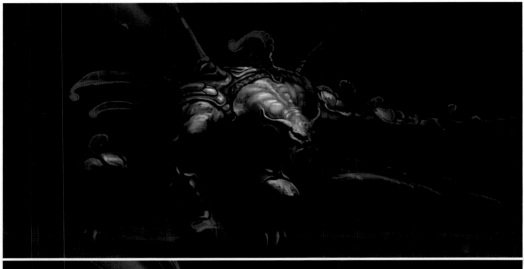

步驟1

設計師決定對正義版特厄的頭部增加額外細節。此細節在Photoshop軟體中，使用灰階圖來創作。當概念圖送到模型師處時，模型師可以自行增加某些細節，但同時得參照灰階和彩色概念圖像，使角色和整體感覺一致。

步驟2

設計師嘗試使用不同的顏色，與邪惡版的人物產生區隔。在和藝術總監商議後，決定邪惡版的特厄應帶有火焰和熾熱的效果。為了和邪惡版區分，正義版應為冷色，如綠色。另外，正義版的膚色也應更淺些，和邪惡版的深膚色形成鮮明對比。

步驟3

概念設計師和藝術總監審核工作進程後，決定最終概念採用淺色。為了表現此效果，第二步驟中的綠色版本當做網底，同時採用極淺的膚色，更能使網底效果顯示出來。

步驟4

在最終版本中,設計師還添加了額外的細節,以及一些發光效果。因為藝術總監和首席設計師認為發光效果,可以強化及"裝扮"這個角色的特性,增強視覺上的吸引力。這時的作品可以交給模型師和材質設計師,進行下一步處理。

第三階段:數位建模

市面上有許多可供選擇的立體建模軟體。《無盡的任務II》使用的是Autodesk公司的Maya軟體,並以概念圖作為這個角色3D版本的依據。不過在這個階段中,它還只是一個灰色調的模型。這個模型或"3D多邊網格模型"是運用多邊形模型創建的,這樣角色才能夠保持自身形狀的一致性。它只需要足夠的多邊形,就可以建構角色的形狀和輪廓。電腦及軟體處理能力,對顯示和驅動模型非常重要,因此多邊形的使用應該儘量高效率。關於數位建模的更多資訊請參考第62~67頁。

3D多邊形網格模型

模型師使用Maya軟體創作遊戲角色。模型師除了頻繁地參考原畫設計師的概念草圖外,還有機會從各個角度調整出適合的形態,只要能呈現概念圖的主要特質即可。特厄現在已經存在於3D環境中了。

第四階段：
添加材質

在創作遊戲的各個主要階段，都需要經過團隊的藝術總監審核，以確保作品的品質和技術達到標準，並忠實於原始概念圖。立體質感的處理，有助於模型展現以下特徵：彩色材質、反光效果以及豐富的分層視覺效果。立體質感的建立是由多個材質元素組成。特厄的這幅作品使用了三種貼圖方法：彩色貼圖、光影對比貼圖和法線貼圖。請翻至第68頁瞭解更多關於3D材質的內容。

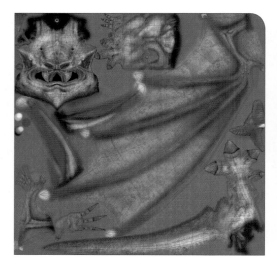

彩色貼圖

材質上的像素必須覆蓋在模型網格上。網格按照軟體設定的模式，在2D平面中處理。展開後圖像上的三角形可以均勻地著色，然後再將圖像重新貼至網格上。上圖所顯示的彩色材質貼圖，使用Photoshop軟體上色，呈現出角色的基本造型。

光影對比貼圖

光影對比貼圖也需要另外處理。這個貼圖決定角色表面的光亮度。貼圖上的黑色區域會顯得呆板，光影對比區域會顯得富有光澤。在上圖中，角色翅膀的內側翅膜，會比身體其他部分明亮。

法線貼圖

本影像應用稱為法線貼圖的第三種方法。模型上的每一個像素都會接收光線。這種貼圖決定個體像素，在遊戲中根據光源的情況接收光線的數量，它營造出了層次感和額外的幾何細節。

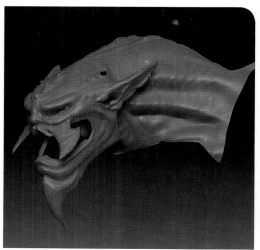

細節豐富的多邊形模型

法線貼圖可以使用高細節建模軟體ZBrush創建，這個軟體會使設計師創造出難以置信的豐富細節，甚至是遊戲中多到無法rendering的3D幾何形體。而且ZBrush軟體還擁有可以透過高細節造型，衍生出法線貼圖的功能。

材質處理後的角色

右圖展示了運用不同材質處理的兩種版本——善良和邪惡的特厄。這兩個角色看起來雖然差別較大,卻能使玩家明白這是同一角色的兩個面貌。色彩元素(概念化階段)和建模細節的調整,衍生出同一副"骨骼"和相同動作設定下的迴異模樣。

第五階段：角色結構之操控

在這個階段裡,整體形態已經成形,表面質感和骨骼的結構亦整合完成,形成所謂的操控系統。動畫設計師可依據這套系統,控制角色的動作。

▶ 步驟1

一套最終模型的骨骼已經創建完畢。每一個小圓圈都是關節的旋轉點。模型只能夠在這些地方彎曲,然而彎曲度是可以設定的。就像多邊形模型和材質一樣,角色的關節越多,動作時就需要更強力的運算處理,才能產生順暢的效果。

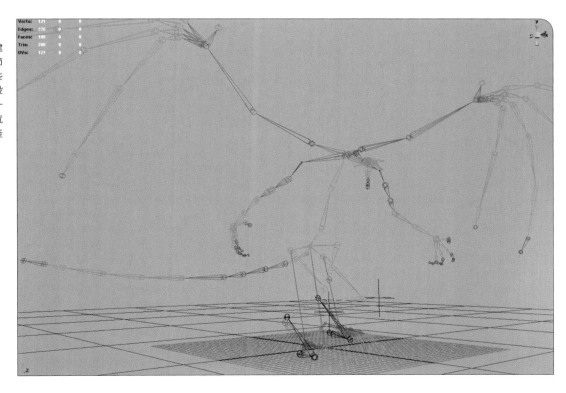

▼ 步驟2

經過尺寸調整的整套骨骼,已經放置在模型中,並與多邊形模型互相關聯。這個步驟叫做"綁定"。為遊戲創建骨骼和綁定,是一個非常細緻的處理過程:你必須使用精細的骨頭數量,才能逼真地驅動這個角色。

▶ 完成模型

一旦所有的步驟都完成,這個角色模型就會從開發軟體,轉移到遊戲場景之中,並結合壯觀的場景、遊戲光線、音樂、聲效和視覺效果,變成玩家們可怕的對手。印刷在《無盡的任務II:守衛的使命》遊戲包裝盒上的善良和邪惡版本的特厄,是這一遊戲的特色。你可以連線到www.everquest2.station.sony.com網站,瞭解更多細節。玩遊戲時,請留意數目眾多的種族和生物,正是因為這些特色,才使得此款遊戲獲得了令人驚嘆的"大型多人經典奇幻線上遊戲"的稱號。請注意不同種類的生物,是如何遍佈於遊戲的不同區域的。看看你是否能夠辨認出有那些外型迥異的生物,使用了相同的動作設定。由於不同遊戲角色的不斷推陳出新,使這個遊戲能維永遠持新鮮感和可玩性。

04 經典畫廊

參觀美術館和藝術博物館也能獲得
靈感。本章呈現給大家的是遊戲業界
最有天賦設計師們的作品。這些作品
可為你正在創作的傑作,提供所需的
靈感和啟發。

勇士與武器

▶ **禁區（Forbidden Zone）**

[達里爾 ‧曼德雷可（DarylMandryk）創作]

這個可快速移動的機動角色，需要一個符合他個性的武器，而這支高發射速度的雙烏茲（Uzis）槍，看起來是個不錯的選擇。至於角色設計，源自於自然寫實的繪畫和著色是最好的訓練。一旦確認基礎的人物結構，你就可以盡情發揮想像力了。

▲ **後啟示錄（Post-Apocalyptic）**

[格蘭特 ‧希勒（Grant Hiller）創作]

頭部的概念設計是《後啟示錄》遊戲角色的設計起點，其餘的服裝設計都源自最初的原畫素描。武器的添加應該能展現角色本身的特質，以及他所來自的世界的資訊。在本範例中，角色生活在一個資源有限的世界，所以居民必須充分利用垃圾作為生活資源。這個角色有一支舊溫徹斯特式（Winchester-style）步槍，因為他不想離敵人太近，他喜歡從遠處幹掉敵人，所以他不得不修理這支槍，並將一把舊匕首，固定在步槍前端當成矛來使用。

▲ **戰士（Soldiers）**

〔格藍特·希勒創作〕

研究盔甲和武器設計的新技巧，是一種
找尋靈感的有效方式，而且可增加概念
設計的可信度。遊戲的項目要求為Day1
工作室，規劃一支具有未來感的軍隊。
設計師認為角色應該能立刻被認出是名
戰士。希勒利用他的研究，試著去了解
未來戰士所需要的服裝，該如何發揮作
用，並且透過探索各種不同的可能性，
創作許多不同的戰士造型。

▶ 頂級戰士
（Apex Soldiers）
（J. P. 塔吉特創作）

這名裝備精良的部落戰士，隸屬於一個幫派或者部隊。他肩甲上的標誌是數位讀取的信息，而且會隨著他等級的提升而變化。由於敵人的野蠻，這名戰士存活率很低。為電腦遊戲設計人物時，功能性是一個關鍵的考慮點。創作電影的動畫就不同了，你可以利用很多視覺特效（VFX），來掩飾設計上的缺陷，但在遊戲中，這並不容易實現。

▲ 實在想念她
（Just Missed Her）

〔丹尼爾 ·卡布科創作〕

CrystalDynamics公司意在銷售《古墓麗影》的關鍵藝術作品，將會以創作一系列的圖像，展現重新設計的蘿拉·克羅夫特（Lara Croft）和新的遊戲。這件作品需要產生尖叫的效果，所以設計師們透過腦力激盪，集合眾人多樣的想法，並且與系列創作家以及PS2（PlayStation2）公司的藝術總監合作，創造出最終的角色造型——蘿拉·克羅夫特。勇敢的探索者和冒險家，在探險的過程中，意識到將發生不尋常的遭遇。在這種情況下，蘿拉與幾個裝備重型武器的壞蛋發生槍戰，並被迫跳出了火箭運行路線。蘿拉的形象是在Maya軟體中進行設計的，然後在Painter和Photoshop軟體中塗繪。這個作品比單純的3D塑形更有趣，也更具有動態特性，同時也實現了設計角色的目的，並讓玩家對此遊戲感到興奮莫名。

▶ 墮落者（One Must Fall）

（達里爾·曼德雷克創作）

為繪製的角色設定與之抗衡的怪物，能有效地營造戲劇效果。設計師開始以非常自由、簡略的想法繪製角色，然後透過添加顏色和材質。必要的時候，還需透過精練或者簡化的技巧來豐富圖像。考慮什麼方法起作用、什麼方法不起作用，這一點很重要。此外，必須確保你平衡繪畫中的所有元素，使其成為一個統一的、緊密結合的整體造型。

▲ **赤手空拳（Unarmed）**
（達里爾·曼德雷克創作）
曼德雷克從後啟示錄遊戲的未來世界中，衍生出這個角色。他常常墮入魔幻的奇妙冥想中，他的作品中總是進行多次處修改，並常常重新繪製一些細節，或完全修改整個角色的姿勢。

◀ **叛徒（Renegade）**
（達里爾 ·曼德雷克創作）
將角色置於敵對的環境中，玩家會對其產生一種同情心，並且傳達出角色剛強的個性——他們可以控制住自己——這會使角色成為奇幻遊戲中，玩家最喜歡的角色。

奇幻類角色

▲ 蜘蛛魔后（Arachnid Queen）

（丹尼爾·卡布科創作）

這個角色由The Collective公司開發，並成為XBOX和PC遊戲《吸血鬼獵人巴菲》中的特色。這件作品是從一個可以引誘，並殺害桑尼維爾市足球隊員的蜘蛛女的簡介中而產生的。卡布科以研究各式各樣的蜘蛛開始，並以觀看恐怖片來尋找靈感。創作了幾幅草稿之後，首席設計師批准了這個設計。像這樣優異的概念設計應該能引導，並激發3D立體設計師們的想像力。玩家也應該會對它的栩栩如生感到莫名的興奮。

▲ 狂暴怪獸
（Horror Monster Roughs）

[李·佩蒂創作]

這兩個類人怪獸的設計，於Crystal Dynamics公司的前期製作期間創作出來。這些角色是透過一系列素描手繪，並在Photoshop軟體中完成的。

▼ 深穴毒蛇（Deep Cave Serpent）

（丹尼爾·卡布科創作）

這個概念是應Eidos公司的要求，根據一個水下怪獸的形象而創作的。設計師選擇將海鰻、虎魚和洞穴魚混合，完成眼睛和著色部分。卡布科做了很多調查，觀察許多深穴動物。虎魚在受到威脅時會突然發怒，所以設計師利用這點，告訴玩家何時必須躲避，什麼時候該進行掩護。在設計過程中，角色的多邊形網格模型限制的問題，在遊戲中還沒有解決。因此卡布科將多邊形模型主要用在頭部結構上，讓它看起來儘可能的生動，尾巴和身體部分，僅僅是作為裝飾而已。

▲▼ 火焰異形（Flare Gasher）
（J.P.塔吉特創作）

此設計是針對大型多人線上角色扮演遊戲而創作。在異形星球土生土長的Flare Gasher在這個世界自由漫步，而且非常危險。它有一個產氫腺體。當被喉嚨裡的器官產生的火花點燃時，它會噴出熾熱的火焰，與火龍無異。下面的原始縮略圖顯示了Gasher的角色類型。它的皮膚必須堅硬而且防火，身體還長著象徵火焰的鰭狀骨頭。這些特徵是設計的主要關鍵，其他的任何細節都是透過共同討論出來的，所以塔吉特是在自由討論的狀態下進行創作。最後客戶選擇了右邊第一個設計。

►▼ 放電妖
（Gax
Discharger）
（J.P.塔吉特創作）

雖然這個角色看起來像半人馬，但是它實際上是外星物種。設計師首先創作彩色原畫，然後才完成模型製作。從這幅精密細節的彩色原畫中，設計師創作出下面幾張類似的模型設計圖。模型設計圖對模型師來說很重要。在本範例中，設計概念是在美國完成的，然後發包到中國完成建模，為了獲得忠於原設計的準確模型，提供精確的設計圖稿，是必要的條件。

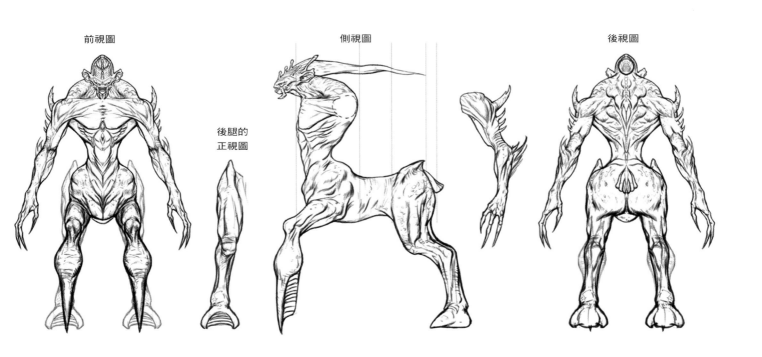

前視圖　　　　　　　側視圖　　　　　　　後視圖

後腿的
正視圖

▲ 暗黑巫師（Dark Shaman）

（格蘭特・希勒創作）

設計師對於黑暗奇幻的熱愛，啟發他創作這幅作品。
這幅作品描述一個黑暗的巫師，被它惡毒思想的純粹
力量塑造得有血有肉。最初的鋼筆原畫，經掃描之後
在Photoshop軟體中進一步修飾，以形態和光線為作
品營造合適的雰圍。巫師保持一種輕靈的特性很重
要，因為他來自於一個由他自己所建立的朦朧世界。

▶ 骸骨占卜師
（Bone Reader）
（達里爾·曼德雷克）
這幅駭人的圖像是在Photo-
shop軟體中繪製完成的。它
描述一個玩家可能想找到幫
助他們進行探索的原型人
物——作為某種代價的回
報，它會提供關鍵資訊。它
的肢體看起來一半像昆蟲，
一半像機器，使觀眾產生一
種惴惴不安的感覺。

▲ Pentaclypse

[凱雷姆 ·拜提創作]

本場景中的場面源自大膽的構圖。主人公位於作品的
視覺中心，在此引起之外的所有人物場景，都對它做出
相應的反應（戰士，飛揚的塵土，甚至是周圍的植物）
。將人類置於一個有龐大體積，又位於畫面中心位置
的邪惡角色的前方，會引起觀者震撼的視覺感受。這是
本書中最古老而常用的伎倆。

▲ **Cheldrak**

[邁克爾‧科瑪律科創作]

這個為《諾拉斯傳奇》（Legends of Norrath）所繪製的生物，是中國龍和巨龜的結合。設計師選用冷色和中性色的顏料，來呈現地下氣候的寒冷。由於沒有任何人類圖像作參照，設計師對水流和牆上石頭大小的刻劃很重視，以確保它們使這個生物看起來很巨大。在此圖像中，急速衝刺的姿勢顯示出這個怪獸，無疑是個脾氣暴躁的角色。

色彩與光線

▼ 第13號風景素描（Landscape Sketch No.13）

（格蘭特‧希勒創作）

Day1 Studios公司採取一種同時雙軌發展的方式，進行遊戲設計。其一為使用鉛筆與墨水筆在紙上進行故事場景的速寫，另外一種方式則是使用數位繪圖工具，進行快速的草圖繪製。

最初的發展階段裡，創作者Hiller採取黑白圖稿的描繪方式，以便集中在情境的氛圍、構圖、形態與景深的控制。此種形式的視覺腦力激盪，可避免色彩的干擾，而易於掌握整體的形態和質感。如果藝術總監認可這些草圖，則藝術家便可進行下一個添加色彩及細節的階段。

▶ 噩夢學院（Nightmare Academy）

（J.P.塔吉特創作）

設計師利用光線增加這幅作品中細緻又豐富的焦點區域。光線可以改變任何場景的氛圍。這是關卡設計師和燈光師，用來確立遊戲關卡最強大的工具之一，但是一切應從設計概念圖出發。色彩是另一個呈現角色特質的要素。隨著現在的遊戲製作技術不斷提高，更高的解析度輸出成為標準，所以設計概念的色彩表現，對於你向客戶傳達遊戲特色來說尤其重要。

失落的城市

▲ E3城堡
（Castle E3）
（J.P.塔吉特創作）

在這幅圖片中，富饒的文明古城宏偉生動，非常逼真。為一個失落的文明或者城市，尋找參考資料，有時是一件很困難的事情。你的大部分作品，都是從草稿中想像而來。建築必須按照高度文明的輝煌，或者驕傲民族的衰敗這樣的主題建造。你的建築必須講述著這樣的故事。如果你想使一個人口集中的城市，看起來古老或者堅韌，就需要給場景加入一種歷史感。這會使觀眾感覺就像是經過漫長的跋涉，終於發現了他們自己遺失的文明。

◀ 聖殿
（Sanctuary）
（J.P.塔吉特創作）

聖殿是一個不容易達到的地方，就像阿瓦隆（Avalon），這座寺廟只出現在黎明的薄霧中。它隱蔽在另一個世界的小島上，是一個安寧平靜的地方。只有在它的宗教裡，那些享有特權的虔誠教徒才被允許進入。這樣的描述或多或少正是客戶想要的。作為一個設計師，你會受到上面這樣的想法或者文章的挑戰。但是創作一個失落的城市，並不像它看起來的那樣容易。你會經常必須在獲得合適的作品之前創作很多草稿。話雖如此，但當你將正確的元素組合到場景時，結果還是很令人滿意的。從周圍的水域到小樹，以及由洞口散發出的天跡光芒，都融合在一起。

▲ 喧鬧的鄰居
（Noisy Neighbors）

（保羅·伯恩創作）

伯恩的這幅都市風景，想要表現出幽閉且工業化的感覺。他透過簡單的形狀粗略地畫出大塊區域，並開始進行概念化設計，直至對構圖滿意為止。然後他開始加入一些細節，從前景開始向後逐一添加，還要注意這些細節是如何融入背景中。透過運用前縮透視法給都市風景增加景深，但是隨著伯恩工作的深入，還要使模型的多邊形數減少。大多數的基本模型是在Carrara和Zbrush軟體中完成的，而構圖和彩現是在Bryce軟體中完成的，後期製作則是在Photoshop軟體中完成的。

▼ **海濱地產**
（Waterfront Property）
（保羅·伯恩創作）

這廣闊而且不斷延伸的城市風景，僅僅由混凝土、玻璃和鋼架組成。伯恩從一些城市規劃的構圖素描圖著手。當他對構圖設計感到滿意的時候，就會在Bryce軟體中複製該素描圖，並且將有大穹頂的建築物放入同一平面上。這些穹頂之後就會成為他建造城市剩餘部分的指標。嘗試著用一些你可以在周圍移動和轉換的小元素，建造複雜的都市風景，這將賦予你構圖自由的創作空間。

Photoshop   File   Edit   Image   Layers   Select   Filter   Analysis   View   Window   Help

Tolerance: 20   ☑ Anti-alias   ☑ Configures   ☐ Sample All Layers | Refine Edge... |

05 數位設計工具箱

由於幾乎所有傳統媒體製作的內容，均可透
過數位媒體進行繪製，因此對你而言，擁有
良好的工作環境和裝備至關重要。此章涵蓋
從鉛筆、鋼筆到繪圖板，以及數位繪圖軟體
的所有內容。

實地速寫：鉛筆

所有傳統媒體都可透過數位軟體來繪製，並且目前大多數遊戲設計師，也習慣用電腦來完成工作。但當你遠行或實地寫生時，看似過時的鉛筆則是你的最佳選擇。

關於鉛筆

鉛筆的鉛芯由石墨製成，將軟質晶體碳混合粘土，並在窯爐中燒制而成。鉛芯中石墨含量越高，其筆觸就會越黑越軟。但如果粘土含量較高，其筆觸就會較淺。鉛芯外包裹著木材，一般是使用雪松木，筆身一側標有分級的數位和字母。B表示黑色濃度，即石墨含量；H表示硬度，即粘土含量高。數字越大，表示鉛筆越軟或越硬。其中軟黑鉛筆最大的數字是9B，表示超軟。

炭精棒

炭精棒的形狀像是沒有木頭包裹的粗鉛筆，同樣也是有分級的：2B是通用的平均硬度。為了保持使用乾淨，有些炭精棒外會塗漆。因此如果你想使線條變粗，便可以刮去這層漆，將鋁箔包裹在無塗層的炭精棒外面。分級的鉛芯可用於工藝作圖，或製作自動鉛筆。辦公鉛筆的分級通常是HB或B，而那黑色記號筆也可以用於繪圖。我們可以用鋒利的手工刀把鉛筆筆尖削尖，也可以用柔軟的白色橡皮將它們的痕跡擦掉，而且還不會磨損紙張。

呈現色調與材質

線條可以進行陰影和交叉陰影線的處理，以顯現改變區域的密度。根據筆尖壓力的大小，色調區域可進行塗繪，以及加暗或加亮處理。表現效果是無窮無盡的，但是在此我們列舉一些關鍵的效果範例。所有色調深淺均可透過數位軟體如Photo-shop軟體進行複製，而Corel Painter軟體則擅長複製鉛筆效果。

用均勻筆觸呈現差異最小的色調，必須保持一定的用筆力度繪製。

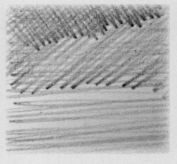

用粗線條筆觸表達較粗略的質感風格，或表示較粗糙的表面。

使用軟鉛筆並改變用筆力度時，當力量越大，色調就會越暗。

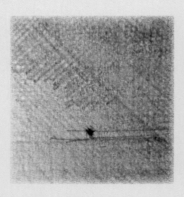

用編號為2B~4B的鉛筆快速交叉描繪，以呈現豐富的色調，同時透過色調的變化表現材質感。

用橡皮擦去除部分鉛筆線條，以表現較柔和的色調，創造材質效果或突出明亮部分。

使用混合橡皮擦筆產生均勻的色調，但必須適度使用。因為擦筆易造成不必要的石墨凝結，使你難以在過度擦塗的區域上面繼續作畫。

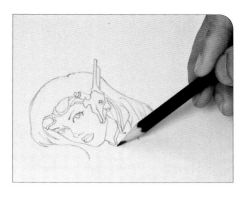

步驟1
使用HB或B型中等硬度的鉛筆，開始繪製鉛筆稿。保證用筆力度適中且一致，儘量讓線條粗細一樣。力度太大會讓紙的鉛筆痕跡太深，不利於後面的明暗處理。

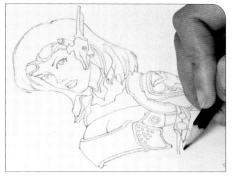

步驟2
從上往下繪製，如果繪製時手越過圖畫，注意不要塗抹到畫面，因為這樣會弄髒和模糊了素描草圖。緩慢而輕柔地描繪，畫錯的地方也可以用橡皮擦修正。

步驟3
完成初步的線稿後，加深那些較弱的地方。注意線條的一致性、粗細度和整體性。所有的部分都需要維持一致性及整體感。在遊戲製作的這個階段，一定不要猶豫地擦除和修改不妥的地方。

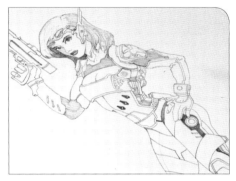

步驟4
確定最深的色調都在什麼部分，用較軟的4B鉛筆填塗。然後用稍微硬的鉛筆，在陰影區域再畫一遍，填補那些剩餘的留白部分。這時同樣也要注意避免弄髒畫面，因為你正在"封閉"黑色的區域。

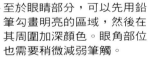至於眼睛部分，可以先用鉛筆勾畫明亮的區域，然後在其周圍加深顏色。眼角部位也需要稍微減弱筆觸。

記住上嘴唇的顏色通常比下嘴唇深濃。盡量描畫形態，而非形狀（否則便會平面化）。

步驟5
用多種技巧加強不同地方的對比度。由淺色調開始慢慢加深。不要怕加深顏色，不要在淺色區域和深色區域間留白。這樣中間色調才能增加細節，突顯出圖像的輪廓。

步驟6
完成稿上細緻和粗糙的線條，展現了盔甲的材質。你可以用繪圖橡皮擦出明亮部分，用可塑橡皮擦出一些稍弱的亮部。調整色調的時候，瞇起眼睛觀看你的畫，可以幫你去掉不必要的細節，讓你更專注於主要內容。人們的眼睛總會先看到對比最強烈的地方，所以大膽地按照你的觀察及創意，掌控觀賞者的視線焦點吧！

準備掃描：鋼筆

你可能會選擇掃描你的鉛筆素描草圖，然後在電腦上進行數位著色。如果這樣的話，精確、清晰的線稿就十分必要了。

有些掃描器可能無法掃描顏色太淡的鉛筆素描草圖，最好的解決方式就是用鋼筆，重新描繪一下你的畫稿。你可以用黑色墨水，或者各種彩色墨水描繪圖稿，這都取決於你是否想要進行數位著色。

墨水

墨水分水溶性和非水溶性兩種，前者用起來跟水彩一樣，可以用水稀釋出淺一點的色調。壓克力顏料同樣可以用水稀釋，乾了之後還是防水的。

防水墨水：乾後不溶於水，且比水溶性墨水稠密，可用於光澤處理，適合繪製精細的畫作。

水溶性墨水：乾後可溶於水，會滲入畫紙；用於營造褪色效果，適合在防水墨水之上繼續作畫。

壓克力顏料和彩色墨水：乾後不溶於水，顏色也不會因光照褪色；可以像水溶性墨水一樣使用，但不可與之混用。

鋼筆

繪畫鋼筆擁有各種形狀和型號。

沾水筆和鋼筆尖：靈活的鋼筆尖可以透過控制用筆的力度，畫出多種粗細和質感的線條。

竹筆和蘆葦筆：竹筆尖可以畫出粗細一致，但質感、粗糙度不一的線條。而蘆葦筆可以使用鋒利的小刀，削出合適的筆尖形狀。

毛筆：柔軟而類似毛筆的尼龍材質筆尖，可以畫出流暢的書法線條。

原子筆或簽字筆：實用且經濟的繪畫工具，適用於繪製草圖和塗鴉。

加強色調和質感

剛開始用墨水作畫的時候，要盡量讓畫出的標記和線條明確，即使這意味著可能會完全放棄一張畫作並重新開始。不過這種畫法能讓你學到很多技法。下列範例是一些適合初學者練習的筆法。此外，這些筆觸也可以利用大多數數位軟體，尤其是利Painter軟體來呈現。

用鋼筆畫出交叉的平行線，營造出逐漸加深的暗部和均勻的色調。

短筆觸可以創造出短小的鬚狀物或皮毛的效果。這是種較為無秩序的筆觸，用於呈現有機體的表面效果。

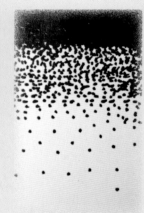

用鋼筆點描是創造色調最耗費時間的方法。你可以用長時間的"填塗"技法，以獲得對圖像效果最大程度的掌控。

越密、越集中繪製的部分，色調就會越深。你可嘗識各種深淺色調的表現技巧。

使用白色壓克力顏料調整不同的色調。這種顏料乾後是防水的，然後可以利用筆刷畫出多種不同的透明度。

依據物體曲線的輪廓重覆描繪，可以使色調更深，並強化物體結構感。

步驟1

在依照第111頁順序描繪出來的鉛筆圖稿上，覆蓋一張白紙，然後用膠帶固定在燈箱上。由於光線會由下方投射，讓你能清楚地用墨水重描精確的圖稿。另一種變通的方法是在鉛筆稿上直接描出墨水圖稿之後，擦掉多餘的鉛筆線條。

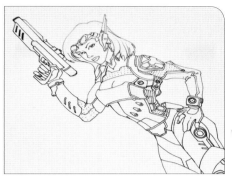

步驟2

用鋼筆將鉛筆線稿均勻描線，注意千萬不要畫錯。在線條加深或陰影處理前，一定要將素描草圖完全攤平。

步驟3

開始加深線條時，應先考慮好畫面的哪些部分的顏色最深，由這些區域開始。以這幅畫為例，光線是從右側照向臉頰的，那就在左側的臉頰上增加陰影。

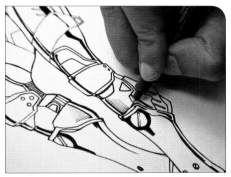

步驟4

用麥克筆或粗一些的鋼筆，將圖稿的主要區域描為純黑色。這些純黑色區域，可以作為下一步細節填色的依據。

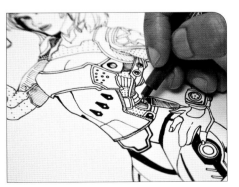

步驟5

用陰影加強結構感覺，創造表面材質。首先考慮好那些部分是有光澤的還是暗淡的，是平滑的還是粗糙的。你可以使用多種手法，來強化這些視覺效果。

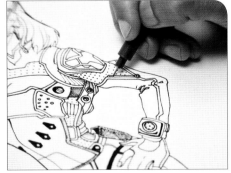

步驟6

確認哪些區域是圖案，哪些是陰影。此範例是在合成橡膠材質的內層盔甲上，添加了均勻排列的圓點。

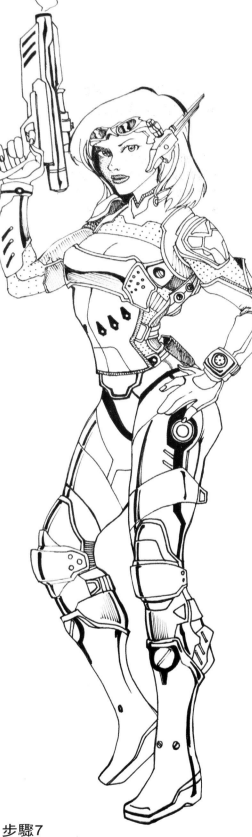

步驟7

因為鋼筆畫比其他材料的畫作更易突顯對比度，再次審視一下你的畫作，確認各個細節的清晰度。確保線條的質感是否突顯了形象，黑色區域是否喧賓奪主。現在就將你的畫作掃描進電腦吧！

數位化工具

儘管仍然有一些設計師們，繼續使用水彩或壓克力顏料等傳統材料來作畫，但大部分畫家已經進入了數位時代。我們已經見識過用鉛筆或炭筆，在紙上繪出的那種自然美，但現在繪畫軟體的應用，可以創造出傳統繪圖工具及媒材無法表現的影像。不過首先，你必須擁有正確的數位工具及軟體。

數位畫布

你可以選擇任意品牌的電腦。蘋果電腦確實是影片編輯和平面媒體編輯的主要平臺，但是對於遊戲開發來講，還是得選擇PC電腦。大多數PC電腦作業系統，都配備能讓你繪畫、著色和編輯圖像的軟體。你還可以下載Photoshop軟體，或其他種類的數位繪圖軟體的免費試用版，如ArtRage、Pixia或MyPaint軟體。

數位繪圖

許多設計師直接進行3D立體模型製作，意氣風發地開始進行設計，而不再繪製素描草圖。這種數位繪圖新穎而且先進，毫無羈絆。如果你也崇尚這種方式，最不可或缺的設備就是一支壓力感應筆和一塊數位板。壓力感應筆模擬了自然繪畫的動作。數位板有很多尺寸，價格也不同。面積較小的數位板價格，大部分設計師還可以承擔的。數位筆刷能模擬實際毛筆的效果。由於數位設備的誕生，許多遊戲工作室已經放棄了2D的概念，而直接進行數位"概念造型"。如果技術小組要求快速3D建模和動畫測試的話，就必須採用此種設計模式。

其他工具和設備

掃描器是一個物超所值的投資，因為它往往附帶一個基本的照片編輯和繪畫套裝軟體，或是一個簡易版的專業套裝軟體。一台便宜的數位照相機也是有力的"武器"，因為它既可以用來收集素材，也可以拍攝一些便於數位編輯的影像，並運用在遊戲場景中。

必要裝備

電腦
個人電腦早已經成為奇幻類設計師們的理想工具。它的快速處理器和平板顯示器都是成為奇幻類設計師、插畫家和卡通畫家的最愛。

快照的幫手
口袋大小的數位照相機，是獲取參考場景和人物素材的最佳途徑。照片可以轉進你的電腦，作為你奇幻畫作的參考圖像，並可在此基礎上加以著色或描繪。

精準的解析度
一台掃描器是將你的鉛筆畫或鋼筆畫，轉至電腦的必要工具。掃描器可以按照不同的解析度複製你的作品，所以請記得使用高解析度來保留主要細節。

數位筆刷
大多數繪圖軟體都可以在筆刷工具箱中，設定筆刷的種類和尺寸。大多數傳統的繪畫媒材　包括壓克力顏料、油畫顏料及水彩顏料、粉彩顏料等效果，都可以利用數位筆刷模擬。

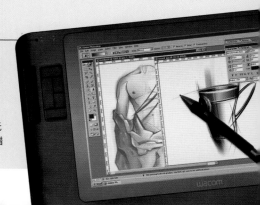

Cintiq互動式筆式輸入顯示器
目前所有的傳統繪圖媒材，都能以數位技術轉換為數位格式。Cintiq在數位藝術創作領域中非常流行，但是較為低廉的數位板，仍是不錯的替代選項。

軟體之選擇

下列介紹的軟體是幾款最具競爭力的2D和3D彩現(rendering)軟體。如果你需要更為詳細的資訊，請參考相關說明或上網查詢。

PHOTOSHOP或PAINTER軟體？

以像素為基礎的軟體，採取使用較少的數據，在螢幕上呈現一個像素，因此適合處理照片和圖稿。Adobe Photoshop是廣受奇幻藝術創作者愛用的影像處理軟體。

本書中數位繪畫技巧的圖解，都是用Photoshop軟體處理的，但是還有許多替代軟體值得你考慮，尤其是Corel公司的Painter軟體。它是一款富有競爭力的實用軟體。請查看頁面右側欄關於兩種軟體的實用區分。

其他軟體

Illustrator軟體：Adobe公司的Illustrator軟體，使用數學方程式和PostScript語言產生圖像，而且圖檔的檔案較小。此外，圖像放大時不會失真。

Pixologic公司的ZBrush軟體和Autodesk公司的Mudbox軟體：高細節的造型軟體，可以模擬出使用多種工具雕塑泥土的創作過程。你可以同時保存多個圖層的細節，分階段創作自己的作品，並可以隨時儲存檔案。這些軟體都預設可以編輯的基本模型。

Autodesk公司的Maya軟體和3ds Max軟體：這些軟體套裝程式的特色，是擁有遊戲設計師想要的一切工具：3D建模、陰影和材質效果、布料模擬、視覺效果、圖像rendering（彩現）等等。它們還都具有一整套的動畫製作工具。每種軟體都有一系列可以讓設計師完成整體創作的工具。儘管最初由不同的公司發佈，不過目前這兩款軟體都在Autodesk公司旗下。Maya軟體在電視和電影行業很流行，廣泛應用於製作視覺效果、電影視覺特效和3D動畫製作。

特價軟體

購置高級軟體總是花費不菲，不過軟體下載和免費適用，可評估是否適用，因為你可以在付費前體驗一下。大多數軟體程式都提供30天試用版本的免費下載。這其中就包括優秀的圖像創建軟體ArtRage、Pixia和MyPrint軟體。Google公司的SketchUp和Blender軟體也都是免費的。在你鍾情於一款軟體前，可以先下載幾款免費試用的軟體體驗一下。

◀ 數位著色
數位著色快速而且有效，數位筆刷正迅速成為全世界奇幻類設計師的首選表現工具。

Painter軟體的優缺點：

- Painter軟體模擬傳統繪圖媒材，它幾乎擁有所有種類的筆刷效果；
- 畫布可以自由翻轉，就像翻紙一樣，筆刷的尺寸也可隨意調整（按住Ctrl鍵和Alt鍵，拖出你想要的尺寸）；
- 檢色器設定成圓形色環的方式，操作便捷，實用性強；
- 自訂筆刷功能很強大；
- 可以使用自訂畫紙，調整簡便；
- 使用過多圖層時反應速度較慢；
- 大量的筆刷、畫紙、筆刷設定、圖層種類和操作介面，對某些人而言過於複雜。

Photoshop軟體的優缺點：

- 筆刷的設定沒有Painter軟體那麼出色，但還是很強大且高效率；
- 格式編排選項操作便捷；
- 同樣可以出色地模擬自然繪圖媒材，但是操作比Painter軟體複雜，而且你必須調整筆刷設定或創建新的筆刷。預設的筆刷種類和功能都比較有限；
- 強光模式、色彩增值、柔光模式等圖層設置功能都非常有用。圖層系統能夠處理大量的圖層資料，同時還支援非常多的"非破壞性編輯"設定；
- 沒有自動儲存功能。

詳解Adobe Photoshop軟體

沒有任何一款軟體擁有 Photoshop軟體這般廣泛的功能。自從二十年前這款軟體應用於遊戲設計以來,它已經成為遊戲設計領域的標竿產品。

熟悉Photoshop軟體中的全部工具並不容易。數位奇幻類設計師應該知道如何使用下列這幾項功能:描圖和繪圖工具、選擇工具、濾鏡和圖層,並熟悉一些影像處理功能表。

繪圖和繪圖工具

你可以使用筆刷或鋼筆工具進行數位繪圖,你的選擇會受到硬體工具和及熟練度的影響。如果你擁有繪圖數位板,筆刷工具就是更好的選擇。因為手寫筆可以創造出乾淨、自然的線條,就像你用一支鋼筆或毛筆畫出的一樣。如果你使用的是滑鼠,筆型工具就比較適用:它利用向量原理,創造出平滑的曲線線條,還可以隨時進行修改。

你的鋼筆線條能夠在路徑面板上顯示出來。你必須儲存它們,而不是將它們作為"工作路徑"。你還可以分別為每個物件儲存路徑。建立之前所敘述的良好工作習慣,能夠使你事半功倍。

◀筆型工具選項

設定鋼筆選項,使用橡皮筋工具可以將自己正在創建的路徑看得清清楚楚。你還需要選擇圖中標示的其他幾個選項,尤其是當你使用滑鼠工作時。

動作組合(Action Sets)

動作組合(Action Sets)自動記錄電腦繪圖操作過程。換言之,動作(Action)可自動改變檔案名稱、變更存檔格式、改變檔案尺寸等等。

「動作」最基本的功能,是能夠以批次檔的方式,自動處理同一類型的操作過程,例如:變更掃描後圖檔的屬性,或載入一個選取區域後,自動填滿某種色彩等同性質的操作,都可以錄成一個「動作組合」。

使用「動作」面板可記錄、編輯、執行、刪除個別動作組合。你也可以儲存或開啟各種「動作」的檔案。執行一個「動作」代表將「動作」指令運用到已經開啟的圖檔上。你能夠勾選或取消「動作」組合內的指令,或單獨執行其中某一指令。

你可以記錄向量繪圖工具的各項功能,包括:裁切、切片、漸層、油漆桶、打字、變形、滴管工具等功能,也可記錄色彩、路徑、色版、圖層、樣式等功能。

當你新增一個「動作」時,你所有的操作過程,都持續被錄製下來,直到你停止錄製為止。

對於奇幻藝術家而言,「動作組合」可能運用在各種特效濾鏡及調整圖層的靈活組合,例如:右側圖稿是利用「動作」來調整影像內角色的色彩,以維持類似的風格。

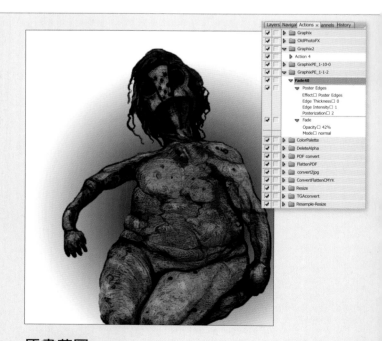

原畫草圖

原畫草圖掃描後在Photoshop軟體中打開。

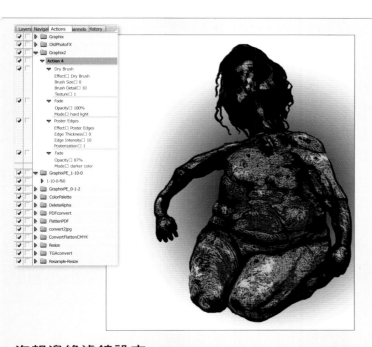

Photoshop介面

如果你對Photoshop
軟體比較陌生，本文
的介紹，能夠讓你對
數位繪圖的主要工具
有所了解。

❶ 油漆桶和漸變工具

❷ 文字工具

❸ 筆刷和鉛筆工具

❹ 魔術棒工具

❺ 工具箱

❻ 色票

❼ 圖層和路徑選項
板；藍色區域為目
前圖層

❽ 資訊面板按鈕展示
的是RGB和CMYK值
的選擇區域

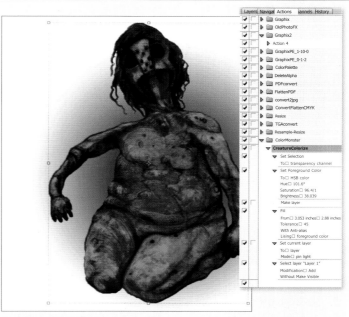

海報邊緣濾鏡設定

海報邊緣濾鏡應用於原圖的掃描，它具有增強圖像線條的三種設定值：
邊緣厚度、邊緣強度和海報化。本範例的"邊緣厚度"設定為0，"邊緣強
度"設定為1，"海報化"設定為2。儲存這些設定，你可以將這套處理方
案，應用於整個外星軍隊的設計中。

透明度選項

原畫草圖可使用"透明度選擇"遮擋新的色彩圖層，然後使用"小光源
模式"混合，這樣原畫就有了彩虹色的光澤。這個動作組合由五步組
成：設置透明度選項；選擇前景色；製作一個新的圖層，並填充所選擇的
前景色；設定混合模式（"小光源模式"）；合併圖層。

路徑製作

用滑鼠創建路徑，先在一個適當的區域新增一個點（比如在邊角處）；然後再新增另一個點，點住滑鼠從一個點，拖移至另一個點來描繪弧線。重複這種操作直至返回起始點或線條的終點。最後，所繪線條可透過"控制把手"進行微調。

從路徑到線條

在完成鉛筆稿上的描繪路徑之後，就必須在圖片上添加黑色線條。首先在圖層面板下新增一個新的圖層，以免使線條偏離原畫稿。請務必將前景顏色設置為100%純黑色。

▲ 步驟1
掃描原始素描草圖。

▲ 步驟2
選擇筆刷工具。

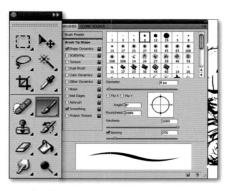

▲ 步驟3
在筆刷選單中為線條選擇合適的筆刷尺寸。

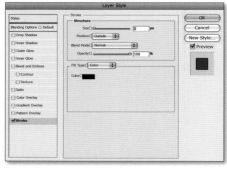

▲ 步驟4
選擇一條路徑，然後在路徑選擇選單中選擇"路徑描邊"或"子路徑"選項。

▲ 步驟5
選定路徑的周圍會產生三像素(three-pixel)線條。如果要添加更粗的線條，可選擇更大筆刷的尺寸，並重覆上述的操作。

遮色片

遮色片工具是一種你應該瞭解的工具，它就像電子版的遮色膠，可以幫助設計師在使用噴筆時，遮擋住不需要塗色的區域。Photoshop軟體的遮色片工具，能應用於某單一色板的操作。

▶ 快速遮色片

遮擋一塊區域的快捷方式是使用魔術棒工具。如同油漆桶工具的操作方法，點擊相關區域後，該區域會成為這一圖層中唯一作用的區域。因此你可以使用一個大號筆刷，沿著邊緣將顏色噴塗在上面。

圖像著色

一旦你的素描草圖用鋼筆描過邊，接下來也就該塗色了。如果需要列印，你必須使用四色分色或CMYK色值（天青色、洋紅色、黃色和黑色）；如果僅僅在顯示幕上展示，則需使用RGB（紅、綠、藍）就可以了。需要注意的是，Photoshop軟體的許多濾鏡都只能在RGB模式下工作。

另外需要注意的是黑色線條。如果你使用灰階模式在素描草圖上進行鋼筆描邊的話，一旦你轉化成CMYK，就會產生四種顏色合成的黑色（又稱原黑或深黑）。優點是你的線條稿若放置其他顏色上時，不會發生透印，而你使用100%黑度的時候就會出現透印。這種現象的產生是由於黑色墨水是最後列印的。如果你在圖像中添加文字的話，就要使用100%的黑色而非原黑色，因為這樣會使印表機列印出較清晰的文字。

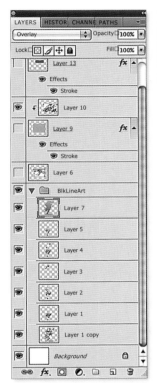

▲ 色票

在進行一系列的繪圖作業時，最好能新增一個專用色票，以便隨時可開啟使用，並維持色調的一致性。請從色票面板選項內，選取儲存選項，加以命名後儲存起來。若要啟用色票時，可從相同的面板上，開啟已經儲存的色票即可。

◀ 多重圖層

在圖層面板中，設定混合模式為色彩增值模式。這會使白色區域變成透明的，而且黑色線條和任何陰影都不受影響。

▲ 色彩模式變更

灰階或點陣圖圖像必須改變成彩色模式。列印時選擇CMYK模式，螢幕顯示用RGB（或者使用特殊的濾鏡和效果）模式。

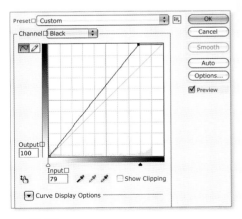

▲ 曲線

黑色可以轉換成CMYK中的黑色，或是RGB中的黑色。如果你正在調整印刷顏色，可以調高線稿圖層的黑色色版曲線數值至100。

▲ 油漆桶著色

為你的圖像著色最快速的方法，就是使用油漆桶工具。為顏色或圖像新增一個圖層，在工具選項中選擇"全部圖層"選項。你設定的容許度數值，取決於線稿的特性。以圖示為例，一些淡淡的鉛筆線條有待增加色調，因此設定容許度數值較高，可以保證所有區域都可以填塗飽滿，而遺漏的部分也可以輕易修改。

運用圖層

每種形式的藝術都有各自的層次元素。視覺效果設計師創建以下圖層：空白紙面、素描草圖、第一次著色等等。這些步驟在大多數情況下是不可復原或重做的。使用Photoshop軟體中的階層式功能表，可以複製傳統的繪畫步驟，但是針對著色、水彩或調亮等每一個工具的應用，都有相對應不可分割的圖層。這裡選取《古墓麗影》當中的概念草圖，展示如何利用功能表中的遮色片選項來建立圖層。

步驟1

首先將一幅最初的概念草圖掃描進電腦，並載入在一片白色的背景上。內部元素經過圖層功能表中的遮色片選項分別加入。最後，將前景廢墟上反光的部分，繪製在一個獨立的圖層上。

掃描進電腦的素描草圖。

室內的剩餘部分，用Photoshop軟體粗略地勾勒出來。

每一個圖層類似剪下卻還未粘貼的照片圖像。

步驟2

接下來的步驟是將一些馬雅雕塑和石像等圖像元素加入。基礎圖層展現的是石像和雕塑圖案的痕跡。使用場景中的陰影遮色片選項，將圖案粘貼至馬雅石像或雕塑的廢墟之中。每一塊元素都需要轉化、調整尺寸、旋轉或扭曲，儘可能緊密地與相應的陰影混合，加強陰影和線條的表現。

步驟3

更多的圖像元素（比如土坑中的廊柱和遠處牆上的刻字）添加在單獨的圖層上。可執行動作組合並用於銳化線條細節。

步驟4

將背景部分的山峰,新增在一個新的圖層上。它要比前景的圖像元素更淺一些,以產生一種遙遠和透視的感覺。這種效果可使用編輯選項和濾鏡工具創造出來(詳見第122~123頁)。

步驟5

本圖的主要光源來自黑牆上的洞穴,它將前景的廢墟遮掩在黑暗之中。這就營造了一種不祥的、令人不安的氣氛。接下來,當氣溫、時間和天氣等因素都考慮在內時,這種氛圍就會更加明顯了。

步驟6

煙、霧效果都透過不透明度調整至30%的筆刷繪製出來,然後透過反復模糊塗抹處理,直到產生理想的效果。火焰的圖層添加在前景的碎石堆中,火焰的顏色透過筆刷噴塗在附近物體的表面表現。而積水圖層則是添加在前景低窪處,反射周圍圖像元素的效果,也可在此圖層加以補充。積水的圖層是使用工具選項中的"橢圓和套索"工具製作的,然後噴塗適合場景光線的顏色,再施加一系列諸如混合,覆蓋及柔和光線,塗抹和弱化等處理,直到積水圖層融入場景,背景的山峰也融入進了遠處的天空中。

藝術效果濾鏡

Photostop軟體有幾種藝術效果的濾鏡,提供各式各樣的繪圖和圖形效果。在"濾鏡"選單內的"藝術效果"選項中,有15種不同的繪畫和圖形效果,每一種都有各自不同的設定。"乾畫筆"、"彩色鉛筆"、"木刻"、"粗糙蠟筆"和"繪畫塗抹"等效果,都是數位奇幻類設計師最常用的工具。

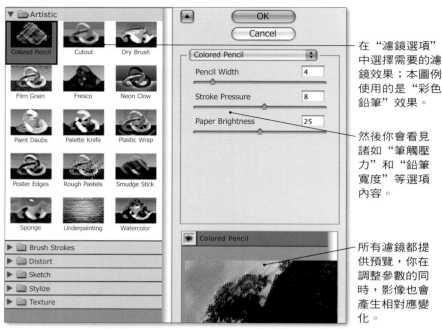

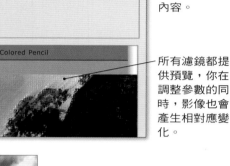

在"濾鏡選項"中選擇需要的濾鏡效果;本圖例使用的是"彩色鉛筆"效果。

然後你會看見諸如"筆觸壓力"和"鉛筆寬度"等選項內容。

所有濾鏡都提供預覽,你在調整參數的同時,影像也會產生相對應變化。

◀ 原始圖像

這幅是一座岸邊廟宇的概念原圖。在應用任何濾鏡前,請先將細節豐富的原始圖像儲存起來,副本則可以用來試驗各種濾鏡的附加效果。

◀ 粗粉蠟筆

在亮色區域,粉蠟筆會使線條表現得粗些,但紋理不多;在暗色的區域,粉蠟筆則會顯現出畫布底下的顆粒效果。這種效果就像風雨交加一樣,扭曲玩家在遊戲中的視線。

◀ 塗抹繪畫

"塗抹繪畫"工具的應用支援不同的筆刷尺寸(從1至50),而且不同的畫筆大小具有不同的繪畫效果。這些設定可以產生典型的油畫效果,比如田園景觀的氛圍,但是透過調整畫筆大小和銳利化程度,可以產生出完全不同的情景。比如將銳利化程度設置為零,畫筆能夠淡化細節,使畫面的整體外觀變得柔和。

◀ 調色刀

"調色刀"工具能夠透過使用短小的對角線混合暗色區域,柔化整體圖像。淺色區域會變得明亮些,但會喪失一些細節,產生類似熱帶風暴的效果。

編輯模式

Photoshop軟體中有多種編輯模式，能夠讓你創造奇幻藝術氛圍。下列影像展示的原始圖像
已經經過"塗抹"、"漸層"、"擦除"和"調整"等處理。但是在軟體中，尚有幾種編輯模式
可以供你使用。

▶ 原始影像

這個圖像需要進一步的潤色，創建出適當的氛
圍。原始圖像在Photoshop軟體中儲存成一個單獨
的圖層，然後使用以下列各種編輯模式進行處
理。每一種"編輯"模式也都儲存為一個新的圖
層，以便後續處理。

▼ 最終影像

下圖中的兩把火焰寶劍，成為遊戲場景中的視覺焦點，只有
當玩家非常接近雕像時它們才會顯現。你可以留意一下這個
設定給圖像增加了多少樂趣。兩把寶劍平衡了畫面的整體效
果，突顯了危險的感覺。諸如此類的最後潤色工作，通常是
整個遊戲設計的關鍵部分。

頭冠上的火焰
形狀是使用"
指尖工具"處
理。這個圖層
隨後透過使
用"加亮顏色
"模式與其他
部分融合起
來，並調整出
寶石的光芒。

寶劍在單獨的
圖層上處理。
外形是使用套
索工具繪製出
來的，然後再
填入亮黃色而
成。

第二把寶劍的處理，只須複
製及貼上第一把寶劍，再翻
轉圖像，然後將所複製圖像
定位即可。

寶劍邊上的火焰是用"指尖工具"製造
的效果，就像用手指搓揉輪廓線上的顏
色一樣。

創作成功的作品集

既然你一直努力工作，也累積了相當多引以為傲的工作經驗及傑作，那麼現在就準備創作一份成功的作品集吧！以下，我們將告訴你該怎麼做。

如果你想和潛在的雇主，在一個良好的氛圍中繼續交流，那麼就要向他們展示出你非常優秀的作品。因為只有這樣才能讓他人觀察和理解你的能力。首先，只要確定好自己最擅長的作品，然後挑選出可以充分反映自己天賦的傑作即可。

我的作品集應該由什麼組成？

一份成功的作品集，應該有一些插圖和概念創作，當然也可以包括寫生畫稿。這會讓潛在的雇主知道，你有很紮實的基本功。遊戲這一行業需要各式各樣的技能，但是基本技能是能幫助你克服一切難題的關鍵。因此，即使你只是3D繪圖領域裡的一個新手，但是你有繪畫方面的技能，這也能展現你真正的潛力。

你要列舉出情境寫生和人物畫稿，但是最重要的仍然是展現出你最佳的一面，例如展現你圍繞同一個主題所創造的一系列人物。這會讓觀看者發現，你可以採取同一風格創造出各式各樣多變的人物。例如：現在就讓我們來想像，你正在描繪關於"拯救世界末日"這款遊戲中的一系列人物。遊戲中的一系列人物會浮現在你的眼前：一個粗獷殘忍的武士、一個瘦高木訥的科學家，還有一個年輕熱情的女性。在同一藝術風格中，三個

▼ 展示你設計的一些人物

一份作品集必須包含你所設計的一些人物，而且是屬於同一款遊戲的角色。這樣的話，說明你可以在特定的風格下，創造出樣式多變的人物。

截然不同的人物，正是在告訴大家，你可以做得比"一個風格一個人物"更好，對於遊戲情境設計的創作也同樣適用。

應該包含多少作品？

選擇性地展示十至二十件作品，而且要展示出你最好的作品。要記得你的作品是要供許多人觀賞的，而且你必須假設自己沒有機會再去闡述創作的始末及原由，這點是非常重要的。因為在你的作品集中，觀看者將會抓住你的弱點。例如：你可能有十個經典的3D模型，而且也已經嘗試透過自己的努力將此製作成動畫。雖然你的動畫製作水準沒有達到同樣高的水準，但是評估者卻會認為你覺得自己的動畫製作和3D作品一樣好。於是，他們就會想進一步瞭解你對一個好作品所包含要素的認知。因此這些可以保留到面試環節，你再來解釋本身已經嘗試製作的一些動畫。儘管只是剛剛開始，但是你渴望學習和成長，或許展示一些專業之外的作品，會讓你通過面試這個關卡。

需要以文字闡釋作品嗎？

有必要時，作一些簡短的解釋即可。假設多數人只會迅速地掃描你的作品，因為他們要在很短的時間觀看幾份作品集。一旦他們喜歡你的東西，他們才會再仔細欣賞。這樣一來，這些簡短的解釋，便會加強他們的視覺衝擊，並讓他們更全面地瞭解你。有些文字雖然簡短，卻也能蘊含大量的資訊，比如專案的名稱、使用的軟體、紋理的尺寸、多邊形的數量等，這些說明對於面試者來說已經足夠了。

展示3D作品和動畫製作

當你展示3D作品時，最好能做全方位的展示方法。你可利用活動的造型去展示你的模型。如果可能的話，製作一個影視檔，讓這個人物或物體不停地360°旋轉，並向大家展示你的細節處理和無可挑剔的完稿。如果你仍然處於優勢地位，那麼接下來就展示完整的人物和多邊形建模造型。這樣的話，觀看者就會知道你的多邊形建模技術不錯。在平面上展示你的材質圖像（詳見第80頁），他們也會知道你能夠很熟練地掌握材質運用技巧。最終，觀看者會堅信，你已經理解並掌握了紮實的創作方法。

如果你要展示你的動畫製作，必須展示一個"奔走式"的動畫迴圈，這是動畫製作最基本的模式。你要確保在顯示連續性動作時，能夠做到流暢連貫，毫無停滯。你的作品資料夾裡，還應該包括動作片段和一系列人物動作。這些動作應該是能夠瞬間賦予人物生命的短暫動作，例如興奮地歡呼、生氣地咆哮、嚎啕大哭、哈哈大笑。這些動作都能夠賦予靜態模型豐富多彩的樣貌。

展示的形式

想讓一個公司發現並關注你的作品，最好的辦法就是把它呈現在網頁或部落格上。這樣的話，你的作品就會被廣為流傳，並且利用電子郵件建立一個連結相互轉發。你必須讓首頁容易操作，並且使用標準檔案格式。不要為你的作品設定一些限制，讓觀看者必須輸入密碼、下載一些未知程式或外掛程式，才能觀看你的作品。你的網站或部落格應該包括：一段簡短的自我介紹，網站上的作品類型，以及你為何熱衷於創作遊戲作品的動機。

求職

當你回復一則招聘廣告或諮詢一個空缺職位時，要在求職郵件裡，附上你個人的詳細介紹，甚至要介紹你為什麼會是公司不可或缺的人才，這就是所謂的求職信。求職信給了你一次機會，讓你闡述為什麼自己會是這個公司的最佳選擇。因此在附件裡，你也應該展現一些作品的具體細節，讓公司知道你對其製作的遊戲非常瞭解。而你可以透過一些調查、瀏覽該公司的網站，熟悉該公司製作的遊戲和歷程。同時，你也應該閱讀一些相關遊戲的評論、將自己的作品試著投投稿、看看哪兒能免費下載些範本。

作品集內容

- 你的聯繫方式：姓名、電子郵件信箱、電話；
- 簡短的自我介紹：你對工作充滿熱情的原因，以及你在遊戲行業中的目標；
- 傳統的插圖設計，包含人體造型；
- 列舉你擅長的工作：插圖設計、3D模型和動畫製作；
- 列舉你擅長使用的軟體；
- 列舉你曾經給客戶製作過的優秀作品。

我們如何獲取更多的資訊呢？

關於遊戲這一領域，以下有一些網站，可以獲得關於遊戲製作行業資訊、工作招聘，以及該如何開始從事該領域工作的資訊。

- 遊戲職業指南（www.gamecareerguide.com）招聘啟事版面、輔導學生進入到專業領域的版面、解決職業生涯中各種問題的版面；
- 遊戲開發者雜誌（Game Developer Magazine，www.gdmag.com/homepage.htm）針對專業人士出版的月刊雜誌，涵蓋了所有遊戲開發的資訊，甚至包括年度薪酬調查；
- DeviantART網站（www.deviantart.com），一個可以汲取經驗、觀看其他藝術家的作品、創造自己的畫廊、建立自己的作品集、和其他人分享你的作品，相互評論和批判的網站。通常，在類似的社交網路上，隨口說出的一個關鍵詞，或許便會給你帶來一個絕佳的工作機會。

Index

鳴謝

Quarto 出版公司對以下為本書慷慨提供的圖片的設計師表示感謝：

■ Rob Alexander： 14br，14bl，16br，16bl
■ Daniel Cabuco： 110－111，112－113，114
　 Lead character artist， Tomb Raider： Legend
■ Brad Fraunfelter： 19，20
　 www.bradfraunfelterillustration.com. 更多資訊請聯繫：
　 brademail99@yahoo.com
■ Shaun Mooney： 62－67，72－73
■ Linda Ravenscroft： 35l
　 www.lindaravenscroft.com
■ Joshua Staub： 40－41
　 www.joshstaub.com
■ J.P. Targete： 12－13，25t，30，31t，32-33，36，
　 38－39，47br，49，53tl
　 www.targeteart.com.
　 更多資訊請聯繫： artmanagement@targeteart.com
■ Roel Wielinga： 26，27，28－29，117t，118－119

對以下藝術家表以感謝： Kerem Beyit; Grant Hiller， www.
artjunkiefix.blogspot.com; Michael Komarck; Daryl Mandryk，
www.mandrykart.wordpress.com; Lee Petty， www.leepetty.
blogspot.com

特別感謝Joe Shoopack和以下Sony Online Entertainment LLC.
公司的設計師

■ Dave Brown II
■ Floyd Bishop
■ Matt Case
■ Patrick Dailey
■ Gary Daugherty
■ Tad Ehrlich
■ Patrick Ho
■ Roel Jovellanos
■ Steve Merghart
■ Edwin Rosell
■ Cory Rohlfs
■ Tom Tobey